未来を拓く
人文・社会科学

13

千年持続学の構築

木村武史 編
KIMURA, Takeshi

東信堂

はじめに

本書『千年持続学の構築』は、沖大幹が提唱した「千年持続学」宣言に呼応して、異なる研究分野の研究者が集い行った学融合的研究プロジェクトの成果である。沖が千年持続学というテーマの着想を得た経緯については第一章に書かれているので、詳しくはそちらをお読みいただき、ここでは簡単に「千年持続学」宣言（「千年科学技術をめざそう」）の内容を部分的に見てみることにしよう。

沖　大幹

「千年科学技術をめざそう」

科学技術は、脆弱な人間を自然の隷従から解き放ち、労働に伴う理不尽な苦痛と自然災害や疫病による不慮の死を軽減させ、人の生活圏と自由な時間、そして知の領域を拡大してきた。しかしながら、身の回りの環境汚染や自然破壊の進行、種の絶滅や食品の安全性、都市化に伴うさまざまな歪み、あるいはオゾン層の破壊や地球温暖化の懸念など問題は山積みの状態である。これらの問題の科学技術による解決に対し、必ずしも薔薇色の未来が描けないのは、「現代は過去の資産と将来の資源を浪費しており、科学技術による問題解決はそれを加速するだけではないか」という、いわゆる地球環境問題の根底に流れている漠とした不安やためらいがあるからだと思われる。こうした閉塞感を打ち破るために必要なのは「千年持続性」を支える千年科学技術体系の構築である。

「千年持続性」とは何か。それは日本国民、そして人類全体が千年後も健康で文化的な生活を送れるように、と願い、そのためにできることを今やろう、という未来への強い意志を持ち続けることである。

（中略）

二一世紀の科学技術の中で千年持続性を特に考慮する必要がある分野はやはり地球環境問題であろう。現在取り沙汰されている多くの地球環境問題の根元には人口の増加、鉱物資源やエネルギー資源の枯渇などの問題がある。食糧需給の逼迫、水資源管理の問題、気候変化や沙漠化の進行などもそれらから派生している。地球環境問題の解決のためには、それらの問題が過去どのような経緯で推移してきており、世界的に見て現在どのような状況であり、今後それらがどのようになっていくのか、という点について的確な知識を持つことが何より重要である。

（中略）

そのためにも二一世紀初頭には、新たな千年紀の第一段階として、千年持続性を支える科学技術の本質が何であるかを体系立てて明らかにする必要がある。これについては先例から学べる点も多いに違いない。すなわち、千年以上昔に考案され、現在に至るまで利用され続けている社会システム、施設などには科学技術を持続的に応用するための知恵が秘められているはずである。

（中略）

持続的発展、あるいは循環型社会の構築という言葉が巷間で取り沙汰されるようになって久しいが、千年持続性を考えるということは、あたかも発展を続けることが目標であるかのようなsustainable development から、sustainability-development あるいは development of sustainability、すなわち、持続的な社会の構築を指向する、ということに他ならない。新たな千年紀と二一世紀初頭にあたって肝心なのは、現在生きている自分自身や直近の子孫だけではなくて、遠い将来、千年先にまでも思いを馳せ、二一世紀の現在にわれわれが研究開発している科学技術が、実は千年後の人類が快適で安全に生存できる社会の実現に役立つはずであるし、また役立つようにするために不断の努力を続けなければならないと一人一人が自覚することである。二一世紀の社会と科学技術がそのような方向に進むことを切に願い、筆者も微力ながら貢献できるようにしたいと研鑽を積んでいる。

（沖大幹、「千年科学技術を目指そう」『科学』第七一巻、二〇〇一年一二月号、一五七二－一五七四頁）

このような沖の千年持続学は、私が考えるに、自然科学者・技術者そして地球市民としての視点に立脚している。地球環境問題を前にして、技術開発を担う工学研究者が持続可能な地球環境にふさわしい技術をつくり出し、社会をつくっていく必要性を自覚している。そうすることによって社会に貢献できると考えている。では、大学の人文・社会科学系の研究者は現在の地球環境問題とそれを前にした工学研究者の問題提起に対して、どのように応えることができるのであろうか。

環境問題に対しては、社会科学分野では経済学や公共政策学の研究者が持続可能な経済や環境政策といった面で、それぞれ早くから取り組んできている。ここに来て、地球環境問題に社会全体で取り組むには、自然科学・工学・経済・政策といった次元だけでは不十分であると強く認識されるようになってきた。簡単にその経緯を振り返ってみよう。

一九八〇年の「世界保全戦略」で登場し、一九八七年のブルントラント委員会の「我らの共有の未来」で世界的に普及した「持続可能な開発（Sustainable Development）」という概念は、環境保全と開発の両者をバランスをとって推し進めることができる可能性を示唆したという意味で世界中で受け入れられた。しかし、一九九二年にはリオ・デ・ジャネイロで地球サミットが開催され、二〇〇二年にはヨハネスブルグ・サミットが開催されたにもかかわらず、環境問題はいっこうに解決される見通しは立っていない。京都議定書の目標はどのくらい達成できるのであろうか。地球温暖化とそれによる気候変動についてのニュースも日々流されているにもかかわらず、CO_2排出量は削減されるどころか増加している。なぜ、増加するのであろうか。技術革新だけでは不十分なのではないのか、政策だけでは不十分なのではないだろうか。何が足りないのだろうか。もはや「持続可能な」という語が「開発」の修飾語の位置に甘んじていてはいけないのではないだろうか、という反省の下、持続可能性そのものを研究の対象とするようになってきた。では、この「持続可能性」というテーマに、人文・社会科学の研究者はどのように取り組むことができるのであろうか。現代社会のグローバルな課題に何らかの形で貢献する必要があるのではないだろうか。

このような問題関心を共有するところから「持続可能性とは何か」を共通テーマに都市、社会制度、価値観に焦点を当てて研究を行ってきた。過去と現在に学ぶことによって、未来を築き上げる見取り図をどのように描き出すことができるのだろうか。以下のような問題を念頭に置きながら、このような課題について研究を進めてきた。都市はなぜ存続しているのか、都市が持続しないとはどのような条件のときなのか、どのような社会制度は存続するのか、持続可能性を実現する価値観や心のあり方とは何なのだろうか。これらの多様な問題に、それぞれの専門の立場から取り組んできた研究の成果の一部が本書に収められている。

本書は四部に分かれている。はじめの二つの章は導入として、沖による千年持続学の構想についての説明、そして沖を交えた千年持続学のグループリーダーによる卓談である。それに続いて、千年持続学の三つの研究グループからの報告が収められている。

第Ⅰ部は「都市の持続性から学ぶ」、第Ⅱ部は「社会制度の持続性から学ぶ」、第Ⅲ部は「持続可能性という価値の探求」とそれぞれ題されている。

第Ⅰ部は、都市研究、建築史の研究グループからの成果である。どちらもインドネシア・ジャカルタとイラン・テヘラーンの実地調査を踏まえた研究成果である。都市を機能させ続ける重要な構成要素が、持続している貴重な建築物や市場などである。なぜ、それらはそこに存続し続けているのであろうか。何か特別な価値を持っているからだろうか。

第Ⅱ部は、歴史研究の中から見えてくる持続可能性は何か、という課題に取り組んでいる。過去の歴史の再構成を目的とする歴史学的研究は、現代社会の課題であるサステイナビリティ構築という課題と切り結ぶ地点を見つけ出すのは困難な研究分野ではないかと思われるが、そのような困難の中から何らかの形で貢献を試みようとした研究者による意欲的な論考である。

第Ⅲ部は、持続可能性を実現する価値とは何であるかについて取り組んできたグループからの報告である。未来から見た現代世界は、文明移行期であるという時代認識の中で世代間倫理や知の役割が問われているが、このような時代状況で実践的に持続可能性を探求している循環型農村やNGOの活動を紹介している。

なお、Ⅰ〜Ⅲ各部の序は、編者木村が執筆させていただいた。

さて、本研究プロジェクトは海外への発信をも目指して行われてきた。各グループ、それぞれ国際シンポジウム等を頻繁に開催した。その成果の一つとして、次の書物を挙げることができる。Kimura, Takeshi ed., *Religion, Science and Sustainability* (Osaka; Union Press, 2008).

この「はじめに」を書いているときに、二〇〇七年のノーベル平和賞が、前米国副大統領のアル・ゴアとIPCCに授与されるというニュースが届いた。なぜ、地球環境問題が平和賞に結びつくのであろうか、と思われる人々もいるかもしれない。地球環境問題は、気温が上昇することによって引き起こされるさまざまな社会的問題も射程に入れている。大気の気温を上昇させているCO_2排出は、グローバル規模の経済活動と密接に関わっており、それは同時に自然資源の枯渇や生物と文化の多様性の消失の問題、さらにグローバルなスケールでの貧富の差の拡大とも関わっている。そして、地球環境の変化は人間の社会に未曾有の影響をもたらすかもしれない。そのとき、人類は争いを選択するのであろうか、平和と調和を選択するのであろうか。このような問題が含まれているから、地球環境問題と平和賞は深いところで結びついているのである。

そうであるならば、人文・社会科学研究者が貢献すべき課題はなおさら多いのではないだろうか。

編　者

目次／千年持続学の構築

3　なぜ今でも？——賑わいの偏り……64
4　なぜ今でも？——商人層のあり方……71
5　これからどうなる？……74

第Ⅱ部　社会制度の持続性から学ぶ……77

第Ⅱ部序……79

第五章　南と北の「日本」をめぐって……加藤雄三　82
——社会制度の持続性とは
1　日本の南……83
2　日本の北……85
3　交易にまつわる社会形成——権利から制度への昇華……87
4　現在から過去を見る目、過去から現在を見る目……92

第六章　社会制度の持続性から見た台湾の歴史と文化……角南聡一郎　95
——モノからの眺望

装丁：桂川　潤

◆本書を読むためのキーワード

アイヌ文化

アイヌ民族の文化は基本的には狩猟漁労文化である。アイヌ民族は、現在は北海道に多く住んでいるが、かつては東北北部やサハリン(樺太)・千島列島にも居住していた。最近では、環境問題との関係で言及されることが多い。

アジェンダ21

一九九二年にブラジルのリオ・デ・ジャネイロ市で開催された国連環境と開発会議(United Nations Conference on Environment and Development, UNCED)において、地球環境を保全し持続可能な社会を実現するための世界的な行動計画が示された。アジェンダ21では、貧困の撲滅、消費と生産の形態の変更、大気、海洋、淡水資源の保全・管理、森林保全などを対象とした世界の行動計画が示された

いくつもの「日本」

民俗学者・赤坂憲雄が『東西/南北考』で提唱した日本文化への態度。従来の西の支配/東の服属を軸とする構図では、西高東低の文化の流れを基調とした「ひとつの日本」しか描かれなかった。対して、南北の軸に眼を転じることによって、蝦夷・アイヌ・琉球などをも含むいくつもの「日本」の種族=文化的断層が見出されることになる。

エコスペース

エコスペースとは、将来世代の資源利用の権利を侵さない限りで、エネルギー、水、その他資源の利用や消費活動がどの程度許されるのか、またこのような消費活動と並行して起こる環境汚染がどの程度許されるのかといったことを数値化し、その範囲内における生活様式や生産・消費様式を決定していくものである。

持続可能な開発

一九八七年に出版されたブルントラント委員会の報告書『我ら共有の未来』で世界中に広められた概念。経済開発と環境保全のバランスをいかにとり、将来に禍根を残さないようにという意図で世代間倫理や同世代間の貧富の差の是

正など今日でも重要な課題を提示している。

循環型社会

第三次環境基本計画（二〇〇六年閣議決定）において、循環型社会の構築は、持続可能な社会を実現するための重点分野として挙げられている。実際に国際的な場での３Ｒの提言や各種リサイクル関連法に基づく政策が展開されている。単に廃棄物処理・リサイクルのシステムの形成のみでなく、「いかなる社会」をつくるかという視点による循環型社会の政策が求められる。

制度

複数の人間の間に生じ、関係を規制するもの。世の中のきまりごと。行為の中で実践されることによって、その意義を確認される。時間の流れの中で常に変容しながらも用い続けられ、ときにすたれていく。その意味では、制度は継承されることで、持続するとも言える。

大量生産・大量消費・大量廃棄

大量生産は、低コストの商品を多くの人々が手に入れることを可能にした。日本では、特に高度経済成長期以降、大量消費によって物質的な豊かさを享受してきた。しかし、消費には必ず廃棄が伴う。大量廃棄は、環境破壊と廃棄物の山を狭い国土に築いた。こうした社会経済システムは限界にきており、適正な生産・消費規模に基づく社会経済システムへの転換が求められる。

台湾原住民

台湾に漢民族や、ヨーロッパ人、日本人が到来する以前より、居住していたオーストロネシア語族の人々を指す。日本語で表記すると「台湾先住民」となるが、漢語で「先住民」の表記は、「すでに滅んでしまった民族」を意味するため、台湾では一般的に「原住民」と呼ばれる。

超越（性）

宗教において神・仏・神霊など人間の経験世界と関わりを持つが、人間世界の制約を超えたところにその存在の基盤を持つ宗教的実在を哲学的に表象した諸概念の一つ。

知里幸恵《ちりゆきえ》

夭折したアイヌ民族の女性で、『アイヌ神謡集』の著者。アイヌ語研究者として有名な金田一京助と出会い、アイヌ語研究を志したという。『アイヌ神謡集』の序文は名文として名高い。アイヌ語研究で有名な知里真志保は弟にあたる。

都市の波と寿命

数千年前、人々が定着、集住することによって都市が出現した。以来、数多くの都市が地球上に存在してきた。けれども、数千年間一定の持続を保った都市はない。都市にも波と寿命があって、盛衰と移動を繰り返す。この波と寿命の原因を捉えることによって、都市の持続性を読み解くことができるだろう。

物質文化

物質文化が研究対象となる場合、所在する場所によって学問分野が異なっている。地下から掘り出された「モノ資料」を対象とするのが考古学、地上に残された「モノ資料」を対象とするのが、民具学や建築学である。かつては民族学も後者のスタンスでの物質文化研究を得意とした。

歴史都市

少なくとも一〇〇年以上の歴史を有し、現在の状況と異なる文化を有する都市を歴史都市と言う。異質性は、地割、道路パターン、住様式、歴史的モニュメントなどに現れる。多くの歴史都市では、文化遺産を短期的訪問者のための観光資源として活用する。長期に暮らす住民の意識や生活に文化遺産を活用することが持続の課題である。

千年持続学の構築

第一章　二一世紀の千年持続学

沖　大幹

1　千年科学技術研究所

それは、二〇世紀もほぼ終わろうとしていた一九九八年頃のことであった。筆者が属している研究所の改組の素案を考えろ、と当時の若手教官に所長の命令が下された。組織の組み換えのコンセプト出しとその説明用資料の作成が主な用務のようであったが、「生産技術」という名前がどう考えても自分の研究内容を的確には反映していないと普段から思っていたこともあり、新しい名前を提案しようと考えた。

いろいろ考えた末、いよいよ二一世紀になるので「二一世紀研究所」ではどうか、とまずは思った。ありふれたアイディアだとは思ったが、テレビとビデオが一体化した製品の名前で「テレビデオ」というのがあったのと同様、言われてみれば当たり前、そのままの名前ではあるが、あまり奇をてらいすぎない名前のほうが受け入れられやすい、と考えたのである。おおげさに言えば、研究でも芸術でも、あまり先走りすぎると、周囲に理解してもらえないのと同じである。

また、筆者が子どもの頃に接したＴＶドラマや少年小説では、二一世紀は夢の世紀であった。二一世紀になれば人類は宇宙へ飛び立ち、地球上でも車が空を飛んでいて、やがてアトムも生まれてロボットと共存したり社会問題が生じたりしているはずであった。そういう意味で、筆者の世代にとっては、二一世紀というのは科学技術の華を象徴する格別の響きがあったのである。

しかしながら、さすがに二一世紀を迎えるのに「二一世紀」ではあまりにも陳腐すぎる、と思い直し、千年紀の切れ目でもあることを考えて、「千年科学技術研究所」ではどうか、と考えた。筆者の専門分野である河川工学では百年先を考えるのはある意味で当たり前であり、千年先を視野に入れる科学技術を打ち出さないとインパクトは薄い。逆に、千年科学技術、といったん言葉を思いついてみると、いろいろと考えが広がるのがおもしろかった。

今後の千年を見据えて科学技術をリードする「千年研」は「生産研」よりも格好がいいと思ったし、いろいろと考えてみれば、道路や橋、都市など、人工の構造物そのものは失われても、更新されたり代替手段が登場したりして機能が残ることも多く、まったく失われてしまったかのように見えても深い痕跡が後々まで見出されるものである。

また、長期的視野に立つと言っても、千年先に関しては過去の経験や近年のトレンドに基づく予測が的確に将来を記述できるとは思えないので、千年後にどうであってほしいか、という目標を設定して、それに至る経路を考えざるを得なくなる。将来像を考える本質はそもそもそういう考え方のほうが大事である気がした。バックキャスティング、あるいは俯瞰型といった用語を知ったのは後日のことである。

しかし、意気揚々と当時の所長に「千年科学技術研究所」というネーミングを持っていったところ、「十年先もわからないのに千年なんてダメだ」と、にべもなく却下された。この所長の専門はITである。百年前にはそもそも存在しなかったような研究分野の時間スケールで考えることに慣れてしまっていれば、たしかに千年といった時間スケールで考えることは難しいであろう、ということは想像に難くない。だが、そう考えて勝手に溜飲を下げていればよいというわけにもいかなかった。

この頃は、ちょうどいわゆる二〇〇〇年問題、多くの計算機で西暦下二桁が年を示すのに使われているソフトウエアが動いていて、それらが誤作動する可能性があるとして騒がれていた時期であった。開発製造され市販されていたものが、わずか数年後には社会に壊滅的な影響を与えかねないという事態である。自ら開発したモノが、わずか数年後には使われていることはないとエンジニアが考えていたのだとしたら、それは大きな問題である。

よいモノは受け継がれ長く使い続けられていくものなので、それを励みにできるだけよいモノを世に送り出すことは重要であるが、変なモノでもいったん世に普及してしまうとしばらくは使われることになり、持続可能性に弊害を及ぼすことがあり、そうならないようエンジニアは良心に従って細心の注意を払わねばならない。河川や土木工学といった分野にとどまらず、こうした考え方を広める必要があるのではないか、と自覚したものであった。

2　千年持続学の黎明

いつかこうした千年科学技術、のアイディアを認めてもらおうと臥薪嘗胆《がしんしょうたん》するうちに、その時点までに考えたことを発表する機会を得た。岩波書店の雑誌『科学』が二一世紀を迎えた科学技術への期待、といったテーマで応募論文を募集していたのである。このとき考えた要点は次のとおりである。

まず、科学の発展は社会をむしろ不幸せにしてきたのではないか、科学万能主義の悪い副作用が地球環境問題などを生み、人類を危機に陥れようとしているのではないか、といった考え方に対し、「科学技術はどう人を幸せにしてきたのか？」について、

・自然への隷従からの自由
・理不尽な苦痛を伴う労働からの解放
・自然災害や疫病による不慮の死の軽減
・生活圏、自由な時間、知の拡大

を挙げた。さらには、「なぜ人は薔薇色の未来を描けないのか？」について、

・現代は過去の資産と将来の資源を浪費しており、科学技術による問題解決はそれを加速するだけではないか

と考えているからではないか、と推察した。

今にして思えば、やはり当時の世紀末の重苦しい雰囲気、バブル崩壊後の「失われた一〇年」と呼ば

れるような社会の消極的な意識が、こうした考察に大きな影響を与えていたように思われる。

しかし、いずれにせよ、そうした閉塞感を打ち破るために、千年後の人類も健康で文化的な生活を送っていられる「千年持続性」を社会に構築するための「千年科学技術」の体系を打ち立てることが重要である、と考えたのであった。

そうした中、浜松で開催された科学技術振興事業団による異分野交流のための「科学技術フォーラム」にたまたま呼ばれ、今後いかに地球環境問題に取り組むべきか、を話し合う場に参加させてもらった。その場で千年持続性の話をしたところ、サイエンスライターの赤池学氏らにアイディアを気に入られ、素案では「国土学」あるいは「警告学」を新たに異分野横断的に打ち立てようとしていたところ、「千年持続学」の構築が環境分科会の結論となり、この場で「千年持続学」という言葉や概念がほぼ固まったのであった。

その後、文部科学省資源調査会の支援を得て、浜松の環境分科会に集まったメンバーによって二〇〇二年度には千年持続学に関する報告書「千年持続社会」がまとめられ、本としても出版される運びとなった。このレポートをまとめる際の基本認識は、

・こういう社会にすれば千年持続する、と今決めることはできず、それを目指して、常に努力し続けることが必要である。この技術があれば後はすべて大丈夫、ということもない。
・千年持続学自体も、どんどん変遷していくはずである。
・これまでの社会が不断の努力によって維持されてきたのと同様、豊かで国際的に名誉ある社会を

維持しようと今後とも常に努力しなくてはならない。

・ 個々の思いによって「千年持続学」も千差万別であるが、二〇〇一年時点における千年持続学の切口を示そう。

・ ヴィジョンとしての千年持続社会へ向けて転換すべき方向と、アクションとしての千年持続社会実現のための技術の両方を盛り込もう。

といったものであった。

さらに、二〇〇一年四月に創設された当時の文部科学省直轄、全国共同利用機関の総合地球環境学研究所（地球研）の創設を学術調査官としてお手伝いしていた筆者は、新設時の教官の一人としても併任し、初代所長日高敏隆博士の薫陶を受ける機会を得た。日高所長は、地球環境問題が生じた理由は科学技術の問題ではなく人間文化に起因するものであり、地球研の目標は「未来可能性の追求」であると看破していた。文理融合型の研究プロジェクトを必要としているようであったので、ぜひ「千年持続学」のプロジェクトを、と思って提案したのだが、いかに柔軟な日高所長といえども、非常に目立つ新設研究所の当初のプロジェクトとしていかにも怪しげな「千年持続学」を入れるわけにはいかなかったのか、やんわりと拒否されてしまったのであった。創設の手伝いもしたし、千年持続学の考え方自体には所長をはじめ関係者の皆さんが興味を持ってくれていたので、非常に残念であった。

3　文明の存亡に学ぶ千年持続性に関する研究

地球研ができた後、今度は、蛸壺化している人文・社会科学の研究のあり方をゆさぶるような斬新な研究プロジェクトが立案できないか、という問題意識を背景とした新たな概算要求について、引き続き学術調査官としてお手伝いすることになった。

まず、このプロジェクト、後に正式名称が「人文・社会科学の振興のための課題設定型プロジェクト研究」となった本「人社プロ」の予算要求の説明に書かれた「領域の例」の一つとして、

・過去から現代にわたる社会システムに学び、将来に向けた社会の持続的発展の確保について研究する領域

を入れてもらうことができた。これは、「研究者のイニシアティブ」「諸学の協働」「社会提言」という人社プロのコンセプトにも沿っており、解決すべき現代的諸問題として挙げられた「倫理の喪失」「グローバル化」「持続的社会制度の破綻」といった問題の解決につながっていきそうだ、という希望が感じ取れる領域の設定であったからだと考えている。

人社プロでは、ワークショップを開催して若手を中心とした研究者から趣旨に沿うようなプロジェクト提案をしてもらい、適宜組み合わせたりして構成を考えつつプロジェクトが選定された。この際、筆者は「文明の存亡に学ぶ千年持続性に関する研究」を提案し、無事採択されたのであった。この際、宗教学やマイノリティの民族学が専門で、本来は他の領域向けに社会倫理などの側面から応募してきた木

村武史、都市や建築の歴史が専門の村松伸、中国の歴史学が本来専門の加藤雄三らの提案が千年持続学の趣旨に沿っていたので、これらの人たちとチームを組むことになったのである。

こうして千年持続学は人社プロにおいてようやく研究プロジェクトとして立ち上がることになった。研究開始の時点でとりまとめられた目指す社会提言は、

・どのような社会のどういう要素が、どのくらい長く持続することが望ましいのか、また、持続する価値があるのか？

・どのようにすれば望むべき社会を持続させることができるのか？

・そのためにわれわれは今何をすべきなのか？　何ができるのか？

であった。これらは現時点でも千年持続学の本質をよく表している基本的な質問であると思っている。

4　千年持続学その後

実際には、人社プロジェクトが始まった頃は地球研との併任で忙しく、いったん生産技術研究所に戻ったと思えば、今度はいわゆる総合科学技術会議（内閣府）事務局に併任となり、実質上プロジェクトの遂行は不可能であると判断された。そこで、プロジェクト半ばの二〇〇五年度より木村に代表を譲り、企画委員として自分ではプロジェクトは持たず、人社プロ全体の進行に多少関わる程度となって、千年持続学自体の発展にはほとんど関与できなかった。

せっかく執念深く機会をうかがい、ようやく立ち上げた千年持続学のプロジェクトなのに中心的に研究を進めることができずもったいなかった、という気がしないわけではないが、実はそれほど残念に思っているわけでもない。その大きな理由は社会が千年持続学的な考え方をすでに受け入れ始めているかのように見えるからである。社会全体ではないにしても、周囲で見聞きする範囲ではかなり浸透している。

たとえば、従来はせいぜい役所で五年先、企業だと一、二年先のことしか考えていなかったのが、長期ビジョンが策定されるようになってきていて、日本の政府では二〇五〇年へ向けた長期ビジョンが議論されたり、二〇五〇年には温暖化の原因となる二酸化炭素の排出量を半減しようという提案が出されたり、企業でも長期戦略として二〇三〇年のビジョンを想定している会社も出てきている。千年先でなくとも、数十年にまで視野が広がれば、どうしても俯瞰的に考えざるを得なくなり、千年持続学の趣旨に沿ってくる。

また、以前だと、環境学や地球環境問題では「sustainable development（持続可能な開発）」が繰り返し言われていたが、最近では、「持続性の実現」や「いかにして社会に持続性を持たせるか」といった表現がごく当たり前に使われるようになってきている。これも、「sustainable development から sustainability development（持続性の構築）へ」という千年持続学の提案にそのまま沿っている。さらには、二〇〇六年度からは科学技術振興調整費により「サステイナビリティ学連携研究機構」が全国五大学をコアとし六機関の連携を得て発足している。そこで議論されている「サステイナビリティ」とは、まさに千年持続学が志向する持続性そのものである。

もちろん、千年持続学自体が、時代の思想の影響を色濃く受けているし、あるいはほかに“sustainability development”という概念が以前より出されていたのかもしれないので、千年持続学に先見の明があった、と声高に主張するつもりはない。筆者にとっては千年持続学がその名前で確固たる地位を築くに至ることが目的ではなく、その思想が世の中に広まればよいと考えているからである。

それは、人社プロ発足以降、社会の状況も変わり、また、筆者の持続性に対する意識が変わったからかもしれない。

一番大きな変更点としては、以前はやはり筆者本来の専門にとらわれてしまい、つい水や河川の持続的な利用を中心に物事を見ることが多かったのが、水、食料、(再生可能)エネルギーの三つ巴の関係を、持続可能性を議論する際の中心に置くべきなのではないか、というふうに思うようになったことであろう。それは、水、エネルギー、食料のいずれも世界中に偏在しているが、ある程度は相互補完可能な状況にあるからである(**図1**)。この三要素の関係についてのもともとのアイディアは現在(独)農業・食品産業技術総合研究機構農村工学研究所の丹治肇博士が主張していたものである。

エネルギーがあれば海水淡水化などにより造水可能であるし、水力発電によってエネルギーも生み出せる。食料生産には大量の水が必要であるが、水が足りない地域には食料を供給することで希少な水を農業以外の用途に利用できるようになる(virtual water trade)。食料生産(と消費)には大量のエネルギーが使用されているが、昨今のきわめてホットな話題は食料にもなる植物の燃料利用である。

こうした水、エネルギー、食料は、持続的な再生利用を考えた場合、土地面積と時間がこれらの資源を生み出す制限要因となっている。そうした事情にも目を配りつつ、いかにして今後の日本と世界に持続性をもたらすかという戦略を練り、必要な技術開発と環境意識の啓蒙の両方を進める必要があるだろう。ちなみに、すぐ後に述べるいわゆる地球温暖化のような気候変動への対応に関して、筆者が見聞きした範囲では、日本では意識啓蒙によるライフスタイルの変化でなんとかなる、とでも思っているかのようなキャンペーンが張られることが多いように思うが、アメリカでは逆に意識啓蒙によるライフスタイルの変化には望み薄で、経済的なインセンティブを与えるか、規制や基準の徹底などで実効を上げるか、同じライフスタイルでも温暖化影響が少ない家電や車を開発しなければ物事は進まない、という強い技術志向が感じられる。啓蒙か技術開発や制度設計か、のどちらか一方に頼るのではなく、両方バランスよく志向することが大事なのではないだろうか。

また、一方で、人の生存に不可欠なサービスの象徴としての食料の持続性への不安がマスメディアを通じて折に触れ喧伝されているが、専門の水問題の研究を進めるうちに、共同研究者

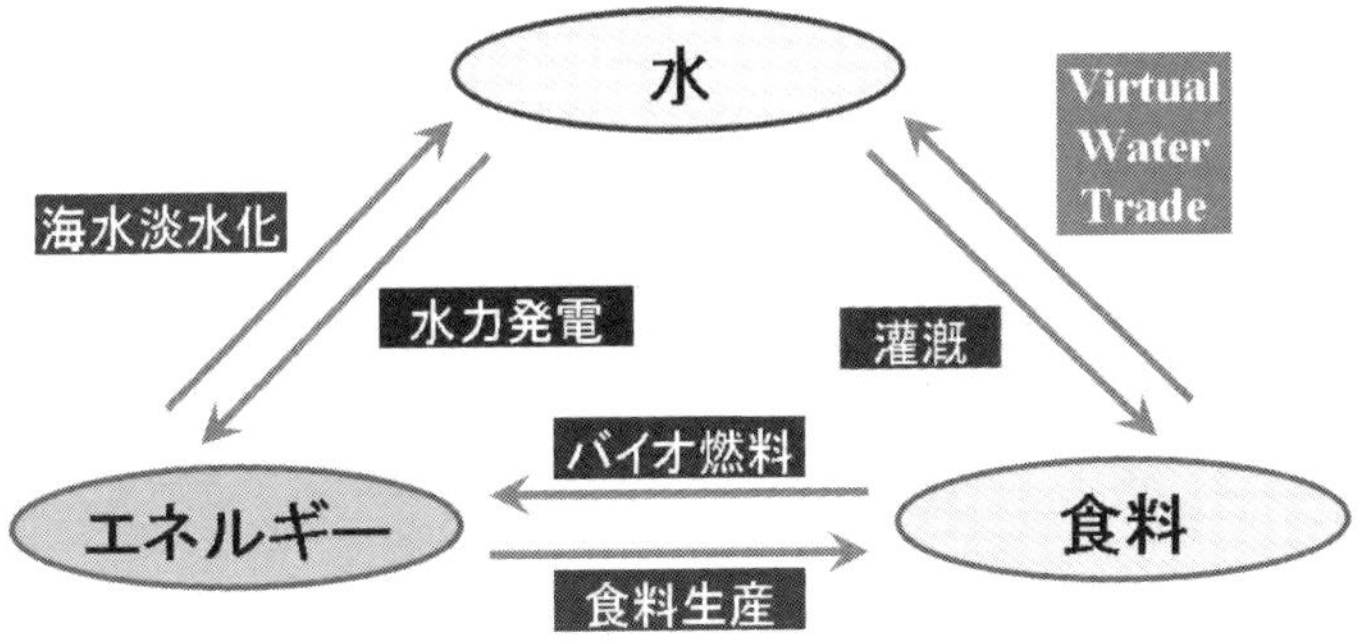

図1　21世紀の千年持続学

であった東京大学大学院農学生命研究科・川島博之博士から説得性のある楽観論を教わり、どちらかというと非常に楽観的な将来観を持つ千年持続学に対する自信も深まった。端的に言うと、二〇世紀後半には水、肥料、新品種の投入増大によって単位面積当たりの収穫量が増大し、収穫面積や農地がさほど増えなかったにもかかわらず全体としての収穫量は人口の伸びを超えて増加し、一人当たりの摂取カロリーも全人類平均すれば一九六一年~二〇〇四年の間に二五パーセントも増加しているという事実、現在まだアフリカを中心とする途上国各国における単位面積当たり収量はきわめて低くまだ増産の余地があること、また、穀物在庫が逼迫するのは価格調整のためであり、それに現在の食生活における穀物に直接起因するカロリー摂取量の低さなどを考え合わせると、食料需給の将来について、日本のような先進国に関して悲観的に考える必要は必ずしもない、ということなのである。

もちろん、危機感を持たなくてもよいことと将来へ向けた対応策を考えなくてもよいこととは異なり、食料需給について心配しなくてもよいように、いかにして現状の耕地の単位面積当たり収量を上げるのか、そのためにどうやって水や肥料を供給するのか、といった点には心を砕く必要がある。しかしながら、危機感に迫られて仕方なく頑張るのと、ちゃんと手を打てばなんとかなる、と希望的観測に基づいて行動するのとでは効率が違うだろうし、危機感に煽られすぎて絶望感に支配されると自暴自棄にならないとも限らない。どうせ同じように対策を講じるのであれば、希望的観測、実現可能であるという目論見を持っているほうが本当に実現できるのではないだろうか。千年持続学は、そういう心理状況の醸成に役立ってほしいと願っている。

5　気候変動は人類最大の脅威か？

二〇〇七年は、気候変動に関する政府間パネル（ＩＰＣＣ）の第四次報告書が発表された。これに伴いさまざまな報道がなされ、また、一部では「気候変動は人類最大の脅威であり、世界各国が協調してこの対策にあたらねばならない」という声明も伝えられた。ここで、気候変動は人間活動に起因するいわゆる地球温暖化を指している。社会の持続性、特に長期の持続性を考えるにあたって気候変動が大きな懸案要因であるようにも感じられるが、果たしてどのように考えればよいのであろうか。

ＩＰＣＣの第四次報告書に基づいて、気候変動に関する最新の知見をＱ＆Ａ形式でまとめると次のようになろう。

Ｑ１　地球は温暖化しているのか？

Ａ１　気候システムの温暖化には疑う余地がない。

Ｑ２　人間活動の影響によるのか？

Ａ２　二〇世紀半ば以降に観測された世界平均気温の上昇のほとんどは、人為起源の温室効果ガスの増加によってもたらされた可能性がかなり高い（九〇パーセント）。

Q3　今後温暖化は進行するのか？
A3　たとえ、すべての温室効果ガスおよびエーロゾルの濃度が二〇〇〇年の水準で一定に保たれたとしても、一〇年当たり摂氏〇・一度のさらなる昇温が予測されるであろう。
Q4　温暖化の進行を緩和できるのか？
A4　たとえ温室効果ガス濃度が安定化したとしても、数世紀にわたって人為起源の温暖化や海面水位上昇が続く。

現在温暖化がすでに進行していること、温暖化が人間活動によるものであると科学的にほぼ断定されたことは、今後温暖化が進行するであろうという将来予測の信頼性も、また増したということでもある。温室効果ガスの排出量を軽減する削減策は大事であるが、現実的に可能な削減策だけでは今後の温暖化の進行を緩和することはできても、完全に止めたり逆行させてもとの温度に戻らせたりすることはできない。したがって、温暖化に伴う変化、気温上昇や異常高温・洪水・渇水・高潮等の自然災害の頻度増大に対する適応策の実施も重要になることが明らかである。

では、温暖化してそもそも何が悪いのだろうか？　それを考えるには、寒冷化が進行するとした場合を想定してみるのがよいヒントになるだろう。おそらく、今後一〇〇年のうちに地球全体平均で二〜四度、極地方では一〇度も気温が下がる、といった寒冷化が生じると、地球温暖化よりも社会への被害は深刻であろう。つまり、温暖化は気温が上がるから悪いわけではない。アル・ゴアの『不都合な真実』でも述べられていたが、現在の気候に適応して社会のシステムができあがっているところで気候条件が変わると、新たな気候条件に対して社会が再び適応を迫られるのが大変なのである。すなわち、激しすぎる変化に適応できないことへの懸念が温暖化問題の本質である。

しかし、当然のことながら、そうした自然災害をもたらすような気象条件への社会の適応能力は先進国のほうが途上国に比べて一般に高い。そういう意味では、気候変動の影響も貧しい国の貧しい人々が一番深刻であろうと推察される。ところが、そうした状況であればあるほど、気候変動といったやや将来に顕在化すると思われるリスクよりも、目の前にすでに現実化して乗り越えねばならない課題が山積みで、それらを克服してより健康で文化的な暮らしができるようにしていくことにしか目が向かないことが多いだろう。

そして、将来の展望に関しても、多くの途上国では人口増加や経済発展が社会変化の大部分の要因であり、気候変動の影響はそれらに比べると相対的に小さい。人口も経済も発展して、将来の大きな変化要因が気候変動くらいしかない先進国では、気候変動への関心が高いのに比べて、途上国では意識が低いのにはそうした状況が効いているのだろう。別の言い方をすると、現状に十分満足していて人口増大の懸念がない先進国では気候変動を含むいかなる変化要因をもできるだけ未来から排除したいのに対して、まだまだよくなっていきたいと考えている途上国では気候変動よりももっと大きな変動を自ら求めているとも言えよう。

こう考えると、気候変動は、先進国よりも途上国のほうで適応できず被害が出やすいが、問題意識を持っているのは途上国よりも先進国であり、意識上は先進国にとって最大(?)の脅威、実質の被害を考えると途上国にとって最大(?)の脅威、併せて人類全体にとって最大(?)の脅威となるのかもしれない。何をもって最大とするかは別として、そうした先進国と途上国の意識上の差、被害リスク上の差を理解した上で気候変化を考慮した持続性の確保について議論せねばならないだろう。

6　これからの千年持続学

人類が持続性に関心を向けるきっかけを与えた本と言えば、二〇世紀ではメドウズの『成長の限界』、もっと遡ればマルサスの『人口論』ということになるのだろうか。地球環境問題と言われるさまざまな問題の根底には、人口の増大と経済発展による資源の過剰利用という要因が横たわっている。そういう意味では人口減少はさまざまな地球環境問題を解決の方向に向かわせてくれるはずである。しかしながら、世界に先駆けて人口減少を迎える日本では、少子高齢化が進む問題などを引き合いに出して、人口減少のデメリットが語られることのほうが多い。もちろん、過渡期ではそういう困難な事態も生じるであろうが、長い目で見ると、人口減少は環境問題を図らずも解決してくれる方向に寄与するはずである。日本だけが減少すると国際競争力が弱くなる、という見方もあるが、世界全体でもおそらく二一世紀中頃、中国などは二〇三〇年には人口のピークを迎えると想定され、日本だけがいつまでも人口減少するわけではない見込みである。だとすれば、人口減少下で健康で文化的な生活レベルを保ちつついかに社会を上手に縮小させていくか、世界に先駆けて日本が試行錯誤する甲斐があるというものである。それにしても、結果として、千年後の人類が今の時代のわれわれを振り返るなら、化石燃料の使用量に応じて人口が急激に増え、そして枯渇するに従って減った様子が観察され、あたかも化石燃料を食べていたようなものだ、と結論づけるのかもしれない。

いずれにせよ長期の将来展望を考える際に外せない視点は、どう考えても化石エネルギーの利用が高価になっていくだろうということである。枯渇、という状況を考えるのには無理があり、他のモノやサービスに比べて価格が現在の数倍、十倍、百倍となる事態を想定せねばなるまい。この場合、化石エネルギーをまったく使わずにすむ社会をつくる、というのではなく、普段は化石エネルギーを使用せずとも健康で文化的な生活が送れる社会にしておいて、天災などの非常時には化石エネルギーや、自然エネルギーを使って生成し貯えておいた化石燃料の代替エネルギー源を用いるといったふうにメリハリをつけることで構わないだろう。将来のある時点から常に持続的な社会であり続ける、という必要は特段ないのではないだろうか。

人間は生きている限りどんなに質素な生活をしても環境に負荷をかけるのだから、本当は死んだほうがました、という見方に対して、持続可能な範囲で暮らせる技術と社会制度、仕組みは成り立ちうる、ということを早く具体的に示せるようにすることが今求められているものと考えられる。そうでないと、

「どうせ環境負荷はかけるのだから、非持続的な暮らしをしても構わないじゃないか」とか「自分一人省エネしても全体で考えれば無駄なこと」、あるいは逆に先ほどの「死んだほうがまし」や「人類が滅びない限り地球環境問題は解決しない」の両極端に人々の意識が分かれてしまうのではないかと懸念する。中庸に実現可能な道があることをぜひ千年持続学として示せればよいな、と思うのである。

そして、また遠い将来、違う時代の人々の暮らしと同じく、現代の違う土地に住む人々の暮らしにも意識が向いて、持続的な未来の社会をつくるために、世界の現状の問題を克服していくように、千年持続学、あるいはその精神が役立てればよいな、と考えている。今後もねばりづよくそうした方向に千年持続学を発展させていきたいものである。

参考文献

沖大幹（一九九九）、「幻の千年科学技術研究所」『生研ニュース』一九九九年七月号。

同（二〇〇一）、「千年科学技術をめざそう」『科学』第七一巻、二〇〇一年一二月号、一五七二―一五七四頁。

㈳資源協会編（二〇〇三）、『千年持続社会』日本地域社会研究所、一二―二〇、五八―六八頁。

第二章　《卓談》千年持続学の確立

木村　武史・加藤　雄三・村松　伸・沖　大幹（司会）

千年について

沖　「千年持続学の確立」ですが、結局、私は日本学術振興会の「人文・社会科学」のプロジェクトが立ち上がってすぐに内閣府（総合科学技術会議事務局）に出向することになったため、自分で研究を進めることができなくて、非常に残念でした。本当は皆さんにいろいろ教えてもらい、いろいろなところに行って、いろいろな方と話をしたかったのです。そういった意味で、皆さんが一生懸命に取り組んでいるのはとても羨ましく思っています。

まず、木村先生が「千年持続学」を最初に聞かれたときの印象を。

木村　プロジェクトのワークショップで初めて「千年持続学」について聞いたとき、何やらすごいことを考えている人がいるな、というのが最初の印象でした。その後、具体的に何ができるのか、ということが最初はわからなかったです。少しずつ考えながら、仲間を引き入れて、考えてきたというのが現状です。また、「千年持続学」というネーミングに関してですが、「持続学」という言葉は聞いたことはないことはないので、何かができるのではという可能性を感じました。それに「千年」というのは非常に長いスパンですが、千年という年代で区切ってしまうということに若干、違和感を覚えました。いったいなぜ千年なのだろうか、と。

沖　その後、いろいろと持続性や環境問題に対する世間の取り組みについてお調べいただいて、持続学というのが、世の中でこんなにも話題にのぼっているということに驚かれた、と聞いたとき、僕は逆にびっくりしました。また逆に宗教学から見ると千年で考えるのは当たり前だ、という視点もあったということでしたが、どうお考えですか。

木村　そうですね。まず、持続可能な開発という言葉は聞いたことはありますが、研究の対象になっていたということは少し驚きでした。また、プロジェクトに入ってくれた方が、よくよくニュース等を見てみると、「持続可能な」ということがよく話題になっているので驚いたとも言ってくれました。そして、プロジェクトの古代メソポタミア学の方に話をしてもらったのですが、過去の歴史の変化を千年単位で長期的に見るのが当たり前ということを話され、千年という単位は意義があるのだということを学びました。また、持続可能性を超長期的に考えるということで、非常に好意的に受け取ってくれた海外の研究者もいました。しかし、それと同時に、日本語ではよかったのですが、千年持続学というのを英語に直して使ったときに、特に海外で会議を開催したときに、ミレニアルという言葉にキリスト教のニュアンスを感じ取る人がいました。そうした中で、どのように「ミレニアム」という言葉を使うか、ということが難しくなりました。

沖　なるほど。

木村　日本語で千年持続学と言っても特に問題はありませんでした。問題があったのは、それはどういう内容かという疑問でした。英語のMillennialという語がどうしてもキリスト教のニュアンスがあるのではないかと思われてしまいました。そのため、英語でプロジェクトの説明をするときには、Millennialという語を外して、サステイナビリティに強調点を置くようになったのです。

沖　仏教ではどうですか。

木村　仏教はたしかに、長い期間続いていますし、また何年か先には彌勒《みろく》が救いにやってくる、という話もあります。ただし、持続学、社会の持続性、あるいは現在の環境問題に関しては、積極的に活動を行っているかというと、そういう状況はありません。たしかにタイやスリランカなどの東南アジアでは社会的に活動している仏教関係者がいますし、ヨーロッパやアメリカでもディープエコロジーとの関係で、仏教の影響があったところもあります。しかし日本国内では、若干遅い傾向にあるように思われます。

沖　木村先生の哲学・宗教という研究分野に、千年持続学から期待するところは、二つあると思っています。一つは、宗教、あるいは哲学で、長期的な視野でどのような持続性を考えてきたのか、ということ。もう一つは、逆に、宗教や哲学が長い時間をかけて培ってきた考え方が、今の社会にどのように生きているのだろうか、ということです。研究を進められてきて、それらの点についてどのように思われますか。

木村　まず、長期的に持続しているものに関しては、人間と神、人間と仏、といった超越的な存在との関わりは人間がつくり出してきた社会の中核の一部になっていますから、それを切り捨てるのは無理だと考えます。それは持続しているのだ、と考えます。それが世界宗教を例にとれば、キリスト教、仏教、イスラム教などといった形で表われています。仏教が始まって以降二五〇〇年、キリスト教が始まってからは二〇〇〇年近く経ち、政治体制は数限りなく変わってきても、宗教は形を変えながらも続いてきましたし、今後も続いていくでしょう。

沖　そうすると千年後、二千年後も宗教というのは、今と違う宗教ではあるかもしれないけれど、何らかの形で残り、「絶対的な存在」対「人間」という関わり方は継続していくということですね。

木村　そうですね。人間であることと宗教的であること、つまり「絶対的な存在」あるいは「究極的な存在」と人間との関係は、人間であることにとっては不可欠だと思います。また現在、問題となっている環境問題、温暖化とそれに起因する気候変動等は科学技術で何とかなるという期待が社会の中にはあるように思われますが、技術でうまく対応できなかった場合、人々は再び宗教に救いを求める、その教えに対処の方策を見出そうとする可能性があると思っています。

沖　なるほど、そうですか。では、次は加藤さん、社会、歴史と千年持続学はどうでしょうか。

加藤　私の千年持続学に対する最初の印象は、木村さんとは少し違います。「千年持続学の枠の中で」というお話を受けたときに、「何でもできる」というのが、この言葉の背後に感じたことでした。千年という長い期間の中で、どこかを切り取って前後を見るということで、何でもできるのではないか、という印象を持ちました。その上で、研究グループを結成して、私の意識、考え方をグループのメンバーに伝える形でこれまでやってきました。

沖　なるほど。加藤先生は歴史学をご専門とされておられますが、歴史学に千年持続学から期待するまず一つめは、歴史の中で持続性をどう捉えているのか、ということです。たとえば、われわれがある国の歴史を語るときに、ある国がずっと続いてきたようなことを言います。しかし、続いているというのは何が続いていて、また逆に消滅したというのは、何が消滅したことだと考えればよいのでしょうか。もう一つは、過去の歴史から学ぶということです。これからどうなるか、これからどうしたらいいかといったことを考えたときに、百年前、千年前の過去の歴史を知らないと将来のことはやはり語れないでしょう。「信長に学ぶ人材マネジメント」といったようなビジネス雑誌的な楽しみ方ではなく、もう少し本質的に、昔に学んで将来に生かせるようなことはないか、といったことを見抜くこと。この二つの視点についてどのようにお考えでしょうか。

加藤　それに関しては、社会制度の視点から考えてきました。社会制度、または社会体制とも言いますが、それらが同じままでずっと続いていく、ということはあり得ません。逆に、それが極端に一気に変わる、ということもそうそうありません。常に変容しながら、受け継がれていく、といった変容と受容の繰り返しだったのではないか、と考えます。私たちのグループが具体的にフィールドとしていたのは、北海道と沖縄です。両方とも、交易拠点、中継拠点、として歴史の中で役割を果たしてきました。それが、日本が明治維新を過ぎた頃に劇的に変化をする中で、両者の歴史的役割も変わっていきます。しかし歴史の中で両者がとってきた社会実践の戦略のようなものを学ぶことは、今後の両者の役割を考える上で参考になるではないか、と考えます。

沖　わかりました。では、次に、都市について研究されている村松先生。千年続いている都市はたくさんありますね。都市が持続するとはどういうことかについて、調査をされてどういうふうにお感じになっていますか。

村松　千年持続学のグループの一員となり、まず感じたことは、木村先生と同じように、千年持続学とはいったい何なのかいうことでした。ただ、千年持続学というネーミングがすごく気に入りました。こんな言葉を沖さんがつくったことに、悔しいな、と思ったくらいです。私は二六歳くらいのときから、中国で、建築の歴史や都市の歴史を研究してきましたが、いったいこれがどういう意味を持っているのか、を内省するきっかけを千年持続学は与えてくれたのです。内省をし、都市の歴史はどのようにすべきか、がわかったことは今回の研究の大きな成果だと。つまり、都市や建築の歴史は、異なる時空、空間を視るということですが、その際に私たちが獲得できるものは、四つあるのです。一つめは、共感、もしくは反感、二つめはプライド、三つめは教訓（レッスン）、過去にあったことをどう学ぶか、ということです。第一、二、三は一般史がもたらすものと同じですが、都市というフィジカルな「もの」の歴史を視る際に独特なのが、四つめの継承です。継承というのは、都市や建築は物理的実体であるため、過去が現在に現れている。それをどうするか、ということです。これこそが、私たちが異なる時空を研究することの特権であり、意義であると最近、わかってきました。ただ、千年経ったときに残っているものは、それほど多くはなく、むしろ、断片や痕跡となってしまっています。それは条里制であったならば、一度、線を引くと傷のようにずっと残っていくようなイメージで、それがまたいろいろなものに影響を及ぼしていくわけです。ローマ時代には、各地にコロッセウムがたくさん建設されました。ローマ帝国は滅びましたが、コロッセウムは「もの」として残り、今では住宅となったりして、現実が過去を利用しています。別の言葉で言えば、過去が未来を拘束するわけですが、よいものも悪いものも含めその拘束の仕組みを学び、どう未来に役に立てようか、今回ずっと考えてきました。

ただ、千年というのは私にとってはやや長すぎます。千年続くというよりも、次の世代につなげていく仕組みをつくることが、重要です。都市を持続させていくためのシステムづくり、ということを、同時に行ってきています。それが社会への貢献なのでしょう。

沖　なるほど。よい悪いにかかわらず、昔の行いが現代に大きな影響を残してしている、という昔の「足あと」を現代の風景の中に見つけるのは楽しいですね。木村先生の研究で何かおもしろい例はありましたか。

木村　宗教というのは千年、二千年と持続してきていますので、現在の行いに大きな影響を与え続けているというのはたくさんありますが、少し違った観点からおもしろいと思えるようになった見方を、先ほどのお話を受けて話します。千年持続学の中で考えるようになったことは、未来から現在を見る、という視点です。sustainability を考えるときに、現在から過去を見るだけではなく、未来から現在を見なければならないんだということがわかってきました。何十年、何百年と経ってから、現在あるものを未来から見たときに、どれくらい sustainable なシステムになっているか、を考えなければならないのだと。現代では、いろいろな資源を使って食べ物をつくっています。たとえば、石油や天然ガスから肥料をつくる。石油で農業機械を動かす、ビニールハウスをつくる、収穫された穀物を運搬するなど、さまざまな場面で使っています。でもこれらの資源の中には三〇年、五〇年後には減少し、やがては枯渇してしまうことが予想されるものもあります。そのときに、今あるさまざまな道具や技術はそれを支えているエネルギーが枯渇してしまったら使えなくなってしまう可能性があります。今から少しずつ変えていかないと、三〇年後に使えるものはない、という状態になるのではないかと思います。まさしく村松さんがおっしゃったように、過去につくったものは未来をコントロールしますから、今、つくっているものが未来に使えないものだとしたら、またそのようなものを現在たくさんつくっているのなら、現在の下部構造に基盤を持つ五〇年後の都市は、sustainable ではないのではないか、ということを考えるのは、今回、学んだ大きな視点の一つです。

沖　私が千年持続学ということを唱えた際には、千年持続しなければいけない、とかそういうことは実はあまり考えていませんでした。私が千年持続学を言い出した背景には、時代の社会的背景と、私の専門である土木の水分野の持続性が影響していると思います。二〇世紀が終わるとき、つまり二つめの千年紀が終わるとき、日本ではノストラダムスの大予言が話題になって終末論的な考え方も広まり、地球温暖化や森林伐採など地球環境がどんどん悪化している、ということを学校で教え、子どもたちもそう思い込んでいて、また、不況だったこともあってか、社会全体が非常に将来に対して悲観的になっていたと思います。オウム事件もそういう時代背景で信者を増やした面があったのでしょう。そのとき、私はそう悲観することもないんではないか、というふうに思いたいし、思ってもいいのではないか、と考えました。また、世界の水問題を研究してわかったことは、水というのは循環資源なので、うまくマネジメントすれば未来永劫利用可能だし、そうするように努力せねばならない、ということです。ただし、木村先生がおっしゃったように、もちろんエネルギーがなければ、ポンプで汲み上げる、といったような手法は利用できません。しかし、動力がない時代から人は水を上手に利用してきたわけです。どうすれば持続的に利用できるのかということを考えるモチベーションが水分野にはそもそも内在しているではないかと考えます。そうこともあって、千年持続学というのが自然と出てきた、という気がします。

村松　未来に明るさを期待しているのですね。希望、というものを千年持続学に込めていたわけですか。

沖　そうですね。今でもそう思っています。木村先生がおっしゃったように、現代は非持続的な化石燃料に頼った暮らしをしています。それが三〇年後、五〇年後にダメになるかもしれない。かわりに、石炭を使ったとしても、ウランを使ったとしても三〇〇年後には枯渇してしまうでしょう。けれど、では、千年前の人が不幸だったかを考えると、たしかに今と比べると寿命も短いし、そういった意味では不幸だったと思いますが、必ずしも悪いことばかりではなかっただろう、と思います。しかも現代文明で培った技術がさまざまにありますから、化石燃料がなくなったとしても千年前の暮らしに戻るわけではないでしょう。昔は十分効率よくは使えなかった自然エネルギーがそれなりに使えるわけですから、そういうものを使って、エアコンや車を使いたいだけ使うのは無理でも、Eメールは使えて薄型テレビくらいなら見られるかもしれない。化石エネルギーの枯渇を憂えるくらいなら、人間生活にとって何が本質的に大事かを考え、それを残していけるような暮らしや社会を考えていくことのほうが建設的ですよね。悲観したり、世の中に脅威論を流布するだけでは、ダメだと思います。

加藤　それは、ものの見方のバランス、ということですか。

沖　そうですね。一言で言うとそういうことになるかもしれませんね。

加藤　アイヌ人は、和人に従属する一方で、清朝に従属的な辺民と交易関係を持っていました。アイヌにしても、北東アジアの辺民にしても、暗い部分を持ちながら、交易の中間者としての重要な役割を果たしてきた、というポジティブな見方もできます。琉球も同様に、薩摩に従属し、かつ清朝に朝貢を行い冊封《さくほう》（中国の皇帝が周辺諸国の君主と名目的な君臣関係を結ぶこと）を受けていましたが、こちらも船を使用した海洋交易の拠点となりました。台湾の先住民も、漢人に、従属的な立場をとっていましたが、それでも自分たちの歴史をちゃんと保持していました。このように暗い部分と明るい部分を併せ持つ中で、どのようにバランスをとりながら歴史を描いていけばいいのか、ということを最近考えるようになりました。それは、この持続学の共同研究をとおして、交流することができた人々の影響であると思います。

沖　木村さんがおっしゃったような、未来から現在を見る、いわゆる俯瞰型という見方はこの一〇年くらいできわめてポピュラーになってきましたね。持続性についていろいろな方面で考えをつきつめていくと、結局俯瞰型がいいということになっているのでしょう。いろいろな人が別々に考え、同じ結論にたどりついているところを見ると、千年持続学で俯瞰型の視点を打ち出したのも間違っていなかったように感じます。もう一つ、千年持続学では、sustainable development を「持続可能な開発」と訳していたところを、sustainability development だと言い出しました。今では、皆さん「持続性をいかに社会につくっていくか」という言い方をされますので、この点に関しても少し影響を持てたかな、と思っています。こういうふうに考え方が浸透してくると、もうあえて声高に、千年持続学と言わなくてもよくなったかな、という気もします。ただ、現状から延長して見ることができるのは、五〇年くらいがギリギリで、そこから先は夢物語になってしまいます。まじめで現実的な方は五〇年先のことしか見ないかもしれませんが、それだとやはり、いろいろな知識や今の初期条件の影響を受けてしまいますよね。そういうことをそぎ落として、化石燃料が確実に枯渇する五〇〇年後は、どのような暮らしなのだろう、というようなことを考えることは相変わらず必要な気がします。

五〇年後

村松　それはおそらく、個人の性格の影響もあると思いますが、おそらく属している学問領域と強く関係があるのではないでしょうか。私の性格、そして、建築や都市という学問領域で言えば、五〇年くらい先の自分の子どもや孫の世代までは想像力が働きます。そこまでは責任持ってやりましょう、でも、そこから子どもや孫が次の世代にさらに伝えていくようなシステムがつくられ、その結果、千年続けばいいということです。私には、千年後の建築や都市が想像できません。千年前の建築や都市は寝殿造りや平安京でしたから、その差異は巨大です。つまり、一〇年後ではなく、五〇年後、一〇〇年後を想起しつつ、未来を考える必要がある、というふうに、千年持続学を勝手に翻訳して研究を続けてまいりました。これは建築学という私たちの学問領域が持つ限界なのですね、きっと。

沖　そうかもしれませんね。

村松　しかし、建築や都市の専門家として、限界はありますが、やはり、「千年」という長期的な未来も考えるべきだと思います。私の責任や記憶が続いている間はどうするか、記憶がなくなったり、責任が持てなくなったときに、どうやってうまくそれを持続させていくのか、そういったことを考えていけばいいのではないのでしょうか。

沖　村松さんは、五〇年後はどのような社会であってほしいと考えますか。

村松　地球環境や都市環境に対するイメージには、どこかで学習した通俗的なステレオタイプや自分の持っている潜在的な記憶、価値に影響されているようです。潜在的なものというのは、自分が生まれ育った田舎の少し前の、つまり五〇年くらい前の状態を理想化しているのです。破壊された里山が復活し、小さなコミュニティが復活して、というような状態です。

沖　田舎はお嫌いではありませんでしたっけ？

村松　年をとったのでしょうね（笑）。六本木ヒルズや最近できたミッドタウンも嫌いではないのですが。嫌なのは、殺伐とし、倫理が崩壊し、記憶もなく、そんな都市の姿です。

沖　木村さん、五〇年後、こうあってほしい日本というのは？

木村　人々がきちんと食べられている、ということですね。僕が育った時代は高度成長期で、食べ物が種類は少なかったですけれどもいつもありました。今は、何でもあり、好きなものを食べることができるのが当たり前の状況です。しかし今後、そうでなくなる可能性があります。そのときに、きちんと食べるものがあって、生存が維持でき確保されている、というのが基本ですね。こういうことを言うのも、人間は一カ月も食べなければ死んでしまうでしょうし、食べ物がなくなれば争いも起きます。そして、人間の生存を確保するためには、どういうスケールの社会が必要になるのかという問題に直面しないといけないと思います。今と同じような状態では苦しいのではないか。村松さんがおっしゃったように、小規模なコミュニティが各地に散らばり、半自給自足のような社会でないと、すべてが持続できないのではないかと考えます。ですから、そのような方向である程度進んでいって、なおかつ必要最低限の生活のための土台があって、その上で人々が楽しめること、ですね。物を残しながら、使える技術は使っていけたらいいなと思います

沖　加藤さんは、五〇年後、一〇〇年後、あるいは千年後にどのような社会になっていてほしいと思われますか。

加藤　五〇年後だと、私はギリギリで生きているかいないかくらいの時間ですよね。一〇〇年後だとよほど医療技術が進んでいない限り生存していないでしょう。一言で言えば、先ほど村松さんがおっしゃったように、安心して暮らせる社会であってほしいと思います。思いついたところでは、いろいろな情報があふれる現代社会では、人々はか

えって孤立し、社会が崩壊してしまっているような感じがします。そうしたことが何とか解消され、もう一度、それぞれが社会に属しているのだと実感できるようになっていればいいなと思います。非常に茫漠とした印象ですが、このように感じています。

沖　千年持続学と言うと、千年同じように持続しなければならないような印象を与えますが、これは千年持続学という言葉の弱点であると思います。というのは、学生に彼らが生きているであろう三〇年後五〇年後に、社会がどうあってほしいかと、この間講義の最中に尋ねたところ、何も変わってほしくない、とほとんどが答えました。これは、今の生活に満足しているということを意味しています。危機を覚えていらっしゃる木村さんは、そうならないようにどうしたらいいのか考える、という意見ですね。そうではなく、将来についてはあまり危機を持っていないとしたら、少し前の生活や今の生活が続けばいいと、つい学生たちのように思ってしまうのでしょうね。しかし、私は天邪鬼《あまのじゃく》なのでそれは少し違うと思うのです。人を取り巻く環境は変化し続けるので、常に柔軟に適応していかなければならない宿命なのではないでしょうか。

村松　しかし、その一方で、実際に地球環境は壊れつつあります。理想はあるけれども、明らかに理想は維持できません。だから地球全体を見なければいけない、と私は感じます。

沖　なるほど。理想はどこにあるか、ということが問題となってきますね。

村松　そして理想の実現に対してどのようにアクションしなければならないのか、を考えなければなりません。

沖　ビジョンとアクションがあり、ビジョンの根本をなす理想がちょっと前の豊かで安全な社会だ、ということですね。

村松　そうです。安心安全安寧の三つを確保することが理想ではないかと思います。

沖　そうですね。歴史を見てみると、安寧な時代というのは少ししかないように思いますが。

村松　安寧というのは心の問題でもありますから、物理的に何もなくても、心は安全だと感じるかもしれません。安寧は、心の問題と非常に関わってきますね。

沖　話はそれるかもしれませんが、生きがい、という面で言うと明治維新の頃に若者でありたかったと思ったことはありませんか。

木村　いや、明治維新の頃ではなく、武士がまだ活躍していた戦国時代のほうがいいですね。

沖　私は体力がありませんので、その時代にいたとしたら、ダメだったと思いますが、人によっては、何か全身全霊でぶつかれるものがあったほうがいい、今はそういうものが見えない、という人もいます。あるいは、極端なことを言うと、学生運動でもいいから、何か全身全霊をかけてみたいと思う人もいるのではないでしょうか。

村松　でも、現在は社会が一見安定しているけれど、閉塞感があって、だからこそ、沖さんは、千年持続学という「明治維新」を創設したのですね。

沖　理想とするビジョンは一貫していても、アクションはそのときそのときで変わっていかざるを得ないだろうと思います。食料問題、エネルギー問題、気候、水、それらの変化に適応し快適な暮らしを支える技術も変わっていきます。また倫理観も変わるでしょう。だからこうすれば、必ずビジョンが達成できるというアクションはなく、それを一〇〇年間、二〇〇年間やり続けるわけではない、というのだ、ということは最初から思っていました。もう一つ、千年持続学的に長く考えていくのに意義があると思ったことがあります。日本は現在、エネルギー輸入国ですが、化石燃料を使う前の時代、日本というのはエネルギー資源国であったのではないか、と、あるときふと気づきました。

木村　石炭とか？

沖　昔は薪などの薪炭がエネルギー源でしたよね。あとは人力です。そうすると人口密度が高く、森林が豊富なところがエネルギー資源国ということになります。昔の日本が栄えていたのは、そのせいではないか、と考えます。今の視点から見ると石油が足りない日本はエネルギー不足国ですが、その時代の視点から見ると、世界的にもエネルギーが豊富な国であったのではないでしょうか。

木村　去年流行したジャレド・ダイヤモンドの『文明の崩壊』という著書の中で、日本を環境危機にうまく対処した一つの例として取り上げています。江戸時代に森林を伐採しすぎて、エネルギーが不足し、危機的状況に陥ったときに、上からのコントロールで、トップダウン方式でうまく対処したと、述べています。つまり、日本列島はただそれだけでエネルギーが豊かであったというわけではなさそうです。また、日本が対処できたのは、日本社会が中規模な国であったからだと言っています。資源が枯渇するときにどのように対処するかということですね。規模によっても変わってくるようです。きわめて小規模でも対処できるけれども、中途半端な規模ではうまく対処できなかったと。

村松　中国はそれに対処できないでしょうね。森林が豊富でしたが、レンガを焼くためやかまどの燃料として、どんどん消費してきました。

沖　それは一九世紀のことですか。

村松　いや、もっと前です。万里の長城をつくる頃から森林伐採はありましたからね。

沖　特定の国に言及するのは若干問題があると思います。たとえば、一人当たりのエネルギー使用量を考えると、まだまだ中国は低いですよね。何が、地球環境倫理的に平等であるかというと、皆が同じくらいずつエネルギーを分けて暮らす、ということになるのではないでしょうか。そうするともう少し中国の平均レベルが上がってもいい気がしますね。

さて、これから

沖　そろそろ終わりの時間が近づいてきたのですが、何らかの形でこういった議論が持続すればいいと思っています。木村さんは、何かやり足りないことはありますか。

木村　今回のような自然科学的意味ではなく、人文学的な意味でのサステイナビリティ研究ということも考えられると思い、今、少しずつ動いています。今年度は間に合いませんでしたが、来年度は比較文化学類で学際研究の授業の一つとしてサステイナビリティ・スタディーズの授業をやろうと考えています。また、宗教学と sustainability が交差する点から考えられることを今、本にしようとしています。

沖　加藤さんはどうですか。

加藤　今まではアイヌと琉球をメインとしてやってきましたが、より近い立場の台湾と琉球を比較してみたいと思っています。両者とも日本との関わりを明治期に体験し、その前後で大きく変化します。戦後になると台湾は、中華民国の国民党が侵入し、沖縄はアメリカ軍が入ってきました。現在、沖縄は自立ではないけれど自主的な統治を回復し、台湾も独立とは言いませんが、台湾独自の政治を回復してきています。似たような状況を経験している両者を比較しながら、その中で権利関係や制度、そして、社会生活にどのような動きがあったのか、それが今後どのように変わっていくのかというところまで見据えてみたいと思います。今回の共同研究は歴史・考古学の関係者中心でしたが、今後はより広い分野の人も巻き込む形で、やっていきたいと思います。

沖　ありがとうございます。では、村松さんはどうですか。

村松　総合地球学研究所で現在計画しているプロジェクトがあります。これは、この人文・社会科学のプロジェクトの成果を「持続」するもので、地球に人類が生まれてからの地球全体をマクロに見るというものです。そして、ミクロとマクロの視点を交互に用いて研究を進めていこうとするものです。千年持続学で培った人的ネットワークも継承させてもらいます。千年持続学の中で、子どもたちのために都市持続のためのリテラシー開発のプログラムをつくったり、多くの研究者と意見を交わして本も出版したりしましたが、一番重要だったことは、深く都市の持続について考えたこと、そしてこの思索を持続させていくということです。

沖　皆さんのお話を聞き、持続性ということを言うのは「エコ」ではなく人類の「エゴ」ではないかという気もしてきました。快適な環境を残したい、あるいは自分の子孫を残し、それがいつまでも持続してほしいという「エゴ」だと思います。他の動物から言えば迷惑かもしれないですよね、本当は。持続性の構築が善であるという考え方は、地球温暖化に代表されるような地球環境問題を解決することは絶対的な正義である、という社会通念に支えられているように思います。地球環境問題は「絶対的な正義」、あるいは「錦の御旗」を打ち立てることによって、本来難しい社会の合意形成を強引にとおすための道具になっているという側面もあるのではないかと考えます。もちろん、だからといって、環境問題が嘘だと言っているわけではありません。それに、「目的は手段を正当化しない」とは言いますが、各人の思惑はどうあれ、やはり社会に持続性が構築されるのは僕は悪いことではないと思います。過程と結果ということについて最近考えたのですが、人間、自分自身にとってはプロセスが大事です。ところが他人からの評価というものは結果に対してきます。この千年持続プロジェクトも自分自身としてはプロセスが大事だったと思うのですが、他人の評価はあくまでも結果だということを肝に銘じなければなりませんね。

村松　そうですね。沖さんは結果を出しているじゃないですか。

沖　結果を出さないと、次につなげてやりたい研究ができないじゃないですか。

村松　その点に関しては僕も本を出したりして、結果を出しています。人類はエゴの塊ですが、長期的に見ると人類はいずれ滅びます。そうであるならば、結局、重要なのは、人類が「よく生きる」ということだと思います。私たち個人も八〇年前後で死んでしまうわけですが、だからといって、何かを残すだけでなく、日々「よく生きる」ことが重要ではないでしょうか。ですから、人間個々人がこの、一人ひとりが「よく生きる」ことと同様に、人類が「よく生きる」ことの意味を考え続けていかなければならないのではないでしょうか。たしかに、研究は大きな結果がないと評価はされませんが、同時に、「よく持続させる」というプロセスが重要で、「よく持続する」とはどういうことかを考え続けている私自身は、決して卑下すべきではないと思います。

沖　なるほど。うまくまとめていただきましたね。木村さん、最後に何か。

木村　環境問題について日本の中で本当の問題は十分に論じられていない気がします。問題の本質的なものを見ないで、何となくやり過ごそうとしているところがあるように思います。たしかに、環境問題はイデオロギー的になっているけれど、アタックするところが間違っている気がします。

沖　本質的な問題に取り組んでいない、ということですね。

木村　たとえば、スーパーにおけるレジ袋削減の取り組みは今では当たり前で、それも重要だと思います（アメリカ留学中にマイバックを持って買い物に行くという習慣が身につき、一一年前に帰国してからも夫婦ともどもできるだけマイバックを持って買い物に行っています）。しかしほかにも変えなければいけないこと、やらなければいけないことがたくさんあると思います。しかし、それをすると経済が鈍化するから、そちらには触れないでおこう、といった傾向があるように思います。

沖　それは地球環境問題において昔から言われているThink Globally, Act Locallyに対する皮肉でもありますね。できることからやろうという取り組みは悪いと思いませんが、できることだけをやって、満足してしまってはいけないと思います。小さなことも大きなことも含めて、効果があるように取り組まなければなりませんね。

村松　そのときに重要なのは、広く見る、ということだと思います。

沖　そうですね。

村松　ビニールの袋を使わないことがどこまで波及効果があるのかをいつも考えていかなければならないでしょう。

沖　それは、環境問題に携わっている人々の満足感にも関わる問題だと思います。たとえば、木を植えることが悪いことだと考えたことがない人がほとんどでしょうが、木を植えることが、水のマネジメントにプラスであるかと言うと科学的には必ずしもそうではありません。

村松　それは、われわれの役割ですね。専門家の責務というのはそういうことだと思います。

沖　僕は、そこは、科学者が必ずしも真実を伝えなくてもいいかなとも思います。植えたいのであれば、緑は大事ですから緑を植えてもよいのではないでしょうか。ただ、その際、水のため、ではなく、あくまで緑を増やすためだと考えるべきでしょうね。

村松　具体的に木を植えるということは別にして、専門家の意見を伝え続けていくということが大事だと思います。

沖　どうもありがとうございました。

第Ⅰ部　都市の持続性から学ぶ

第1部序

ここに収録した二論文は都市の持続性とは何であるのか、というテーマを追い続けてきている村松伸をリーダーとする研究グループからの研究成果である。都市とは何なのか、どのように変容したら都市は持続していると言えるのであろうか、現在存続している都市の諸要素はなぜ持続してきているのであろうか、都市を持続可能な都市に再生する際の問題は何であり、それをどのように解決したらよいのだろうかといった問題を実地調査を踏まえて研究を行っている。林憲吾は都市インドネシアの研究をとおして、深見菜緒子はテヘラーンのバーザールの研究をとおして、それぞれ持続可能性とは何なのか、という問題に迫っている。そこでは変容しながら持続している要素や持続せずに都市から消去させられてしまったものも見据えていることがわかる。

以下、この研究グループの目的を概観してみよう。

本研究は、都市の実態を人類一万年という長期的視点、地球全域というマクロな地理的視野から、さらに物理的側面から、制度、記憶までを扱う、さまざまな学問領域を融合的に用いて分析し、今後の都市のあるべき姿を考究することを目的とする。

われわれが多く生活基盤とする都市は、日々、さまざまな理由をもって変化させられている。しかし、その根拠は必ずしも明らかでなく、これまで人類が蓄積してきた都市に関する歴史や知恵が反映しているとも言えない。その理由は、都市、そして、その変容の姿（すなわち、持続性）の示す範囲が学問的にも、現象的にも広範、複雑であり過ぎるからである。本研究は、その広範さ、複雑さに、人文社会、工学などの諸分野を融合し、さらに世界各地でのフィールドワークを実施することにより、少しでも近づくことを目標とする。同時に、その成果をウェブ、紙媒体、フォーラムという形で社会に公開する。また、時代を担う子どもたちに、都市をどのように深く観察し、それを持続させるかの都市持続教養教育プログラムとしても、結実させる。

都市がいかに持続可能性を達成できるかはきわめて重要な課題である。というのも、国連の『世界人口白書』（二〇〇七年）が述べているように、世界の総人口の半分以上が都市に住むようになっているからである。白書によれば、都市人口の増加が著しいのは、大都市というよりも中都市であるという。それゆえ都市の持続性の確立は人口問題という観点からも重要な課題であるということがわかる。

第三章　持続学への地図
――インドネシア・ジャカルタにおける遺産資産悉皆調査を事例として

林　憲吾

1　「持続すること」と「持続学」

あなたが外出中に、一度歩みを止めてあたりを見回し、自分が立つ場所のことを改めてじっくりと探索するといったいどんなことに気づくだろうか。おそらくそこがどんな場所であれ、非常に多くのモノたちが私たちを取り囲んでいるということを実感すると思う。住宅をはじめとした建築物、道や橋といった土木構築物、木々や河川、大地の起伏などの自然物、自動車や自転車などの数多くの工業製品、そしてそこかしこに排出されたゴミといった具合に。そして再び歩を進めてみると、また違う住宅に出合い、別の種類のモノを発見するだろう。

このように私たちは多種多様なモノに彩られた場所に生活し、ある場所と別の場所とでは、それらは互いに異なる。したがって、細かくそれぞれの場所を観察してみると、個々の場所は決して無味乾燥で均質的なのではなく、違った文脈《コンテキスト》を持っていることを理解できるはずだ。

にもかかわらず、たとえば大型のレストランやホームセンターが建ち並ぶ郊外の国道沿いのように、「どこかで出合った場所」だと錯覚するような、ある種の既視感に襲われることはないだろうか。似たようなモノで構成された現実と対峙するとき、その違いを嗅ぎ取る思考がおそらく停止してしまうのである。ということは、場所の文脈を理解するには、どんなモノが目の前に広がっているかを考えるだけでは、不十分なのではなかろうか。

では、そこで再び歩みを止めて、周囲のモノたちがいったい「いつ」できたかを考えてみるとどうだろう。それらが、過去のある時点からずっとそこに存在し続けてきたという事実を改めて意識しないだろうか。要するに、人がモノと出合うということは、モノ自身がある期間「持続してきた」結果なのである。

モノが本来的に持つ「持続」というこの性質が、実はその場所の文脈を理解する上で非常に重要となる。たとえば、普段の生活の中に私たちは、「見慣れた」木や建物などを抱えている。その「慣れた」モノが、ある日突然なくなったときに抱く不思議な感覚は、モノの「持続」が場所の認識といかに深く関わっているかを理解させてくれるだろう。この「持続」という性質に敏感になることで、単に今目の前に見えていることだけではなく、その背後にある場所がどんな場所として存在し続けてきたのかという「変化の総体＝場所の文脈＝歴史」をより深く理解できるようになるのである。

私自身が、研究の対象としている建築・都市史というジャンルでは、建築物や土木構築物、自然物といった比較的長い期間残るモノを扱っている。神社や城などを思い浮かべればわかりやすいが、それらの中には、ある個人の意図を超えて何百年という非常に長い期間残る場合がある。私たちは、こうした建物をしばしば「古い」と指摘するが、だからといって決して過ぎ去った昔の建物ではなく、目の前に残っているという点で、いわば現在進行形である。つまり、古いと認識されるということは、それだけいっそう他のモノよりも特別に持続してきたということを意味する。だからこそそれは、過去から現在までの場所の変化を物語る証人であり、その分多くの影響を人々に与えてきたことになる。したがって、長い間残ってきた建造物・土木構築物・自然物は、現在から見るとその場所の文脈をつくるきわめて貴重な存在なのである。東京大学生産技術研究所の藤森・村松研究室の協力を得て行ってきた千年持続学の共同研究では、これらを「場所の遺産資産」と呼んでいる。

さらに私たちは、それら遺産資産に着目することによって、場所の文脈を理解する一方で、それを知ることだけでいいのだろうかという問い、すなわちそれら遺産資産をどうすればよいのかという問題にも向かい合わなければならない。私自身に近い分野で考えるなら、建築家や都市計画では、場所の文脈に対して何か新しいものをつくることによって、よりよい場所を築こうとしている。そのため、私たちもまた、建築・都市史という観点から場所をどうしていくべきかをともに考えていく必要があるだろう。その方法として、一つには、持続しているモノをどう扱うべきかを問い直す「持続への介入」があると考えている。そんな「持続への介入」のことを、私たちは「持続学」として捉え、どうすればそんな「学」

を構築できるのかを模索／実践してきた。その過程をここに紹介しよう。

2　遺産資産悉皆調査とアジアの大都市ジャカルタ

一九六〇年代の日本では、都市開発の波により、目の前に残る五〇年から一五〇年ほど前に建てられた建造物（近代建築と呼称する）の保全と破壊のバランスが崩れ始めた。何も古い社寺建築だけが遺産資産なのではなく、これらも先ほど定義した遺産資産にあたり、場所の文脈を形成する大事な要因に違いない。しかし、都市開発の波は、これらの多くを破壊し、新たな建設を巻き起こした。そして、この事態が問題だったのは、それら遺産資産が持つ「持続性」の価値が、理解されないまま進展したことである。加えてより重大だったのは、遺産資産が目の前に残っているということ自体に、多くの人が関心を示さなかった点である。要するに、自分たちの住む場所がどんな文脈を持っているのかを理解するすべがないまま、それらを断ち切る形で、開発が進んだのである。

結果、こうした現実に対処すべく、東京大学生産技術研究所の藤森照信をはじめとした研究者グループによって、一九七四年遺産資産（当時は近代建築のみ）の悉皆《しっかい》調査が誕生した。この調査は日本の諸都市に持続するすべての近代建築をリスト化し、遺産資産を把握するという作業で、都市文脈を理解するための第一歩として位置づけられた。

日本でのこうした都市開発による現象は、まさに周回遅れでアジアの諸都市を襲ってきている。そのため、遺産資産悉皆調査は、一九八〇年代後半の中国諸都市を皮切りにアジア各地で展開された。そして、二〇〇二年から二〇〇七年にかけて行った千年持続学プロジェクトでも、インドネシア、マレーシア諸都市において遺産資産悉皆調査を行ってきた。その中で、二〇〇五年および二〇〇七年に実施したインドネシア・ジャカルタにおける調査を、具体的な例として話を進めていくこととする。

インドネシア共和国の首都であるジャカルタは、ジャワ島に位置し、人口は、推計一〇〇〇万人を超える大都市である。東南アジアにおけるジャカルタの中心的地位の確立は、一七世紀のオランダによる植民地化を契機としている。そのジャカルタの都市形成は、概括すると次の四つに分類できる。①一六一九～一七九九年の、VOC（オランダ東インド会社）が、現在はコタ地区と呼ばれるジャカルタ北部に城壁都市を築き、東南アジア海域をおさえる根拠地とした時代。②一八〇〇～八五年の、オランダ植民政庁が都市機能の中枢を南の現在独立記念塔（Monas）が建つ広場周辺に移し、行政機構の整備や、鉄道、港湾建設といったインフラ整備などをとおして近代植民都市へと再編成した時代。③一八八六～一九四九年の、都市の拡大と並行して、植民地支配に抗する民族主義運動が起こり、日本侵略期を経て、独立宣言および独立戦争の結果、独立に至る時代。そして最後が、④一九五〇年からの、スカルノらを中心として、東南アジア諸国や先進国などとの対外的な戦略の中で、一国の顔となる首都づくりが、広場から南西に延びる大通り沿いに展開し、スハルト期を経て、現在に至る時代である（**図1**）。

これら変遷の中で生み出されてきた遺産資産は、近年の都市開発の中で、決して注目されていないわけではない。コタ地区にはVOC時代の壮観な建物がいくつも保存され、博物館やカフェなどとして利

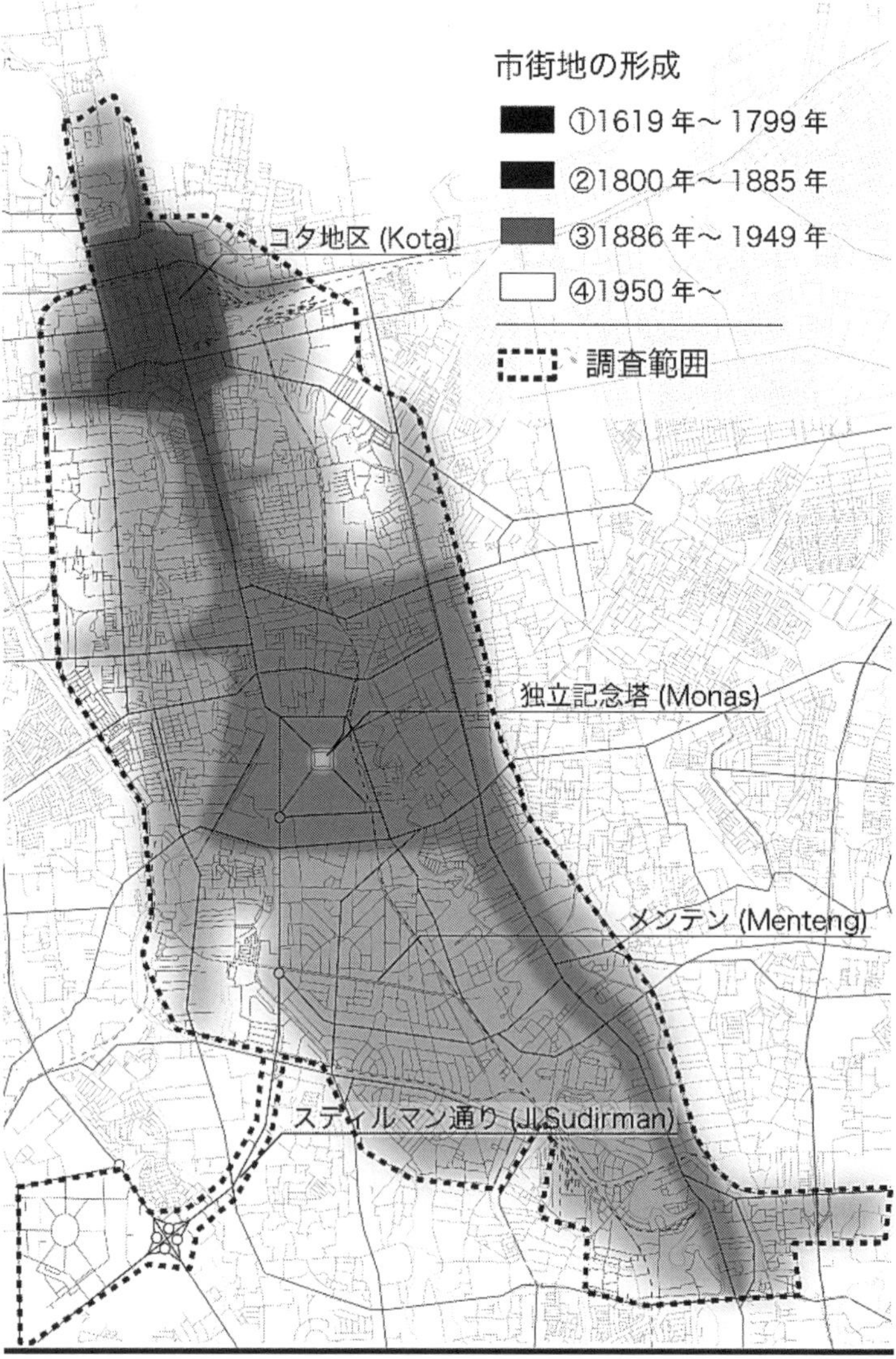

図1　ジャカルタの都市形成と調査範囲（筆者作成）

用されている。しかし、こうした現象の多くは、ジャカルタの都市形成のうち主に①に力点が置かれた結果である。把握されている遺産資産の空間的広がりもコタ地区周辺に集中していて、前記の都市形成全体を反映した形で行われていない。一方、ジャカルタを訪れると、広域にわたってオランダ植民地期の建物が建ち並び、現在も利用されていることを肌で感じる。にもかかわらずその実感とは裏腹に、大部分が遺産資産とは意識されず、関心が示されることはない。つまり、ジャカルタの都市変遷の中で持続してきた遺産資産は、非常に偏った形で把握されていて、同時にそれは、ジャカルタの都市文脈理解の偏りを意味している。

以上のことから、ジャカルタの都市史を包括的に理解するために、われわれはジャカルタの都市変遷全体を反映する調査地域を設定し、遺産資産悉皆調査を現地教育機関との協働で実施した。本調査では、一九六〇年代のスカルノ大統領期頃までに生み出され持続しているものを遺産資産と考え、それらすべてをリスト化した。

それでは、悉皆調査とは具体的にはどのように進めるのか。それはおおむね以下のようにまとめられる。①調査域を分割し、それぞれのエリアを二、三名からなるチーム（日本側、現地側それぞれの参加者を含む）が担当する。②各エリアのすべての道を歩き、すべての建物ならびに土木構築物を見る。③そこで発見したすべての遺産資産をその都度データシートにまとめる。④データシートには、モノ自体の分析とインタビューをとおして得られた基礎情報（建物名および名前／住所／ビルディングタイプ／階高／構造／仕上げ材／建設年／設計者／施工者／所有者／建築的特徴などその他の情報）を記入する。⑤撮影した遺産資産の写真を現像してデータシートに貼付する。⑥地図にそれぞれの遺産資産の位置を記入する（図2）。

このように、悉皆調査の手法そのものは単純で、泥臭い行為だと思われるかもしれない。たしかに車があふれる大都市の喧噪の中、すべての道を歩く調査は、体力勝負な部分もある。しかし重要なことは、すべての道を歩き、すべての建物を見るというその単純な行為である。

私たちは、通常自らが生まれ育った地域でさえ、そのすべての道を体験的に知るということをしない。したがって、すべての道を歩くという行為自体が、自らの日常によっては発見し得ない遺産資産の把握へとつながるのである。

そしてより重要なのは、すべての建物を見るとしても、その中から簡単には遺産資産を判断／選択できないことである。モノが「いつ」できたか

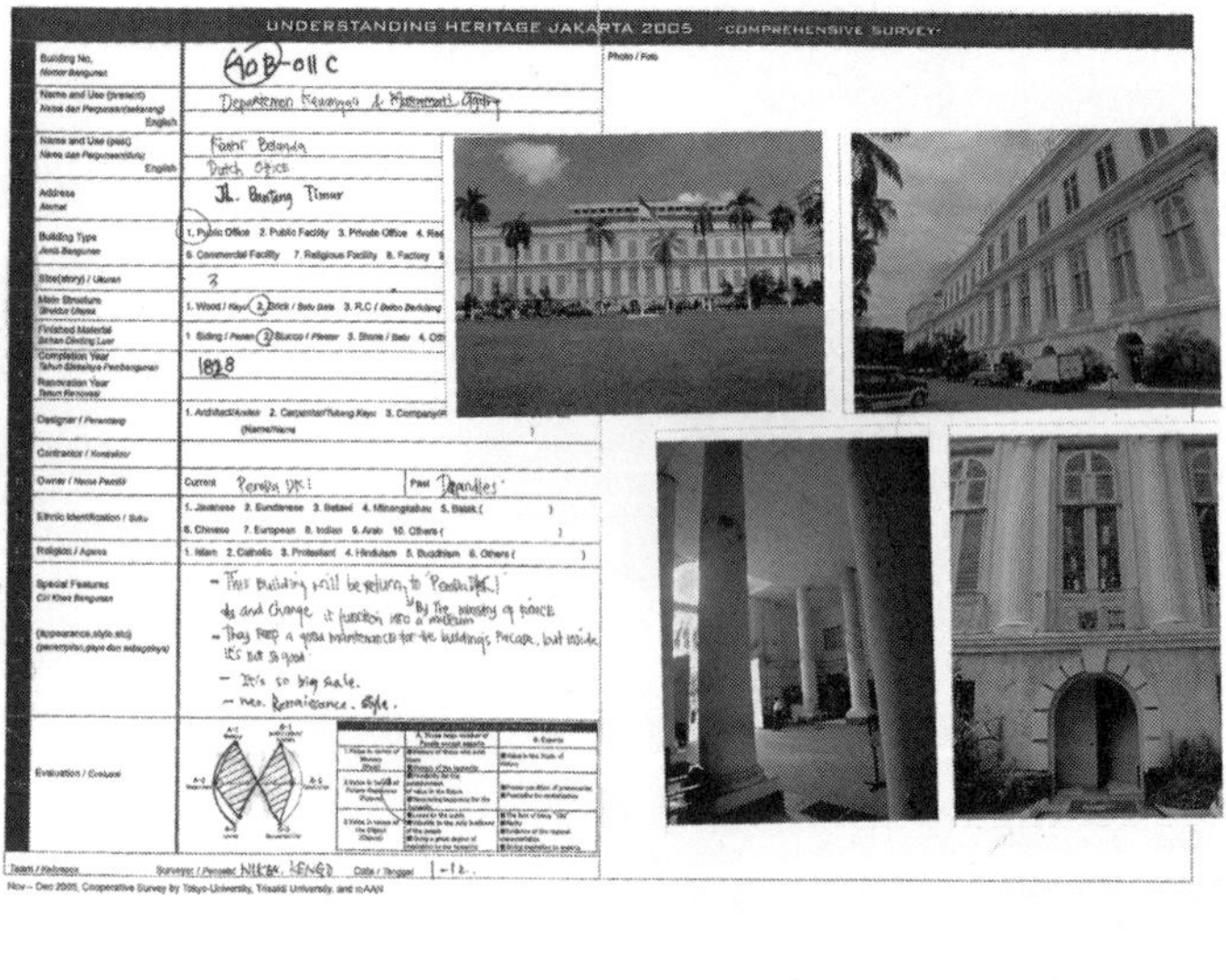

図2　データシートと記入例（藤森・村松研究室作成）

を知るには、それを判断する目が必要になる。その目を養うためにも経験的蓄積と専門知の共有が不可欠なのである。

ジャカルタではこうした「足と目」をとおして、遺産資産として認識されリスト化されたものは、最終的に三〇〇〇件あまりにのぼった。

3　持続への介入——評価するシステム・ヘリテージバタフライ

前述の悉皆調査のプロセスの中で、実は一つ重要なことを書かなかった。それは、「評価をする」という行為についてである。たとえ建物が現実にそこに存在していたとしても、それを遺産資産として発見するには、先ほど述べたように「足と目」が必要になる。言い換えるとそれは、誰かがそこに立ち、それを見ているということであって、そこには必ずある主体が介在している。その主体をとおして建物がどう映り、どう思われているのかを示すことが不可欠に思われる。それを実行するためのものが、評価する行為である。そして、千年持続学プロジェクトにおいて「持続性」について考えていく中で、私たちは「ヘリテージバタフライ」という新たな評価システムを考案し、活用している。

このシステムは、**図3**のように蝶をモチーフにしたもので、左右の羽にあたる部分にそれぞれ三つの評価項目を設けている。私たちは通常モノと対峙するとき、いろいろな情報をまとめて感じ取っている。この総合的な印象を、それぞれの評価項目による観点から捉え返して評価するのである。ここでは、まず右側の項目について述べることにしよう。

私たちも含めて、たいていの場合モノを遺産資産として認識する試みは、建築・都市史を専門とする人々によってなされてきた。そしてしばしば、彼/彼女らの総合的な印象は、その専門的観点からのみ捉え返され、評価されてきた。右の羽の部分には、その専門的観点による評価軸を、史料的価値、普遍的価値、物理的価値の三つとして設定している。

写真1の建物は、コタ地区に建ち、オランダ人建築家リンデン(C. van de Linde)とスミス(A. P. Smits)によって、オランダ商事会社(NHM)の社屋として一九二九年に建設されたものである。同時期に建設された向かいの鉄道駅舎と合わせて、二〇世紀初頭の駅前広場の顔であり、当時の都市開発の進展を示している。このように、建築家や建設年などの情報に加え、都市の歴史的変化をたどる上での重要な指標となる点を、史料的価値として評価する。

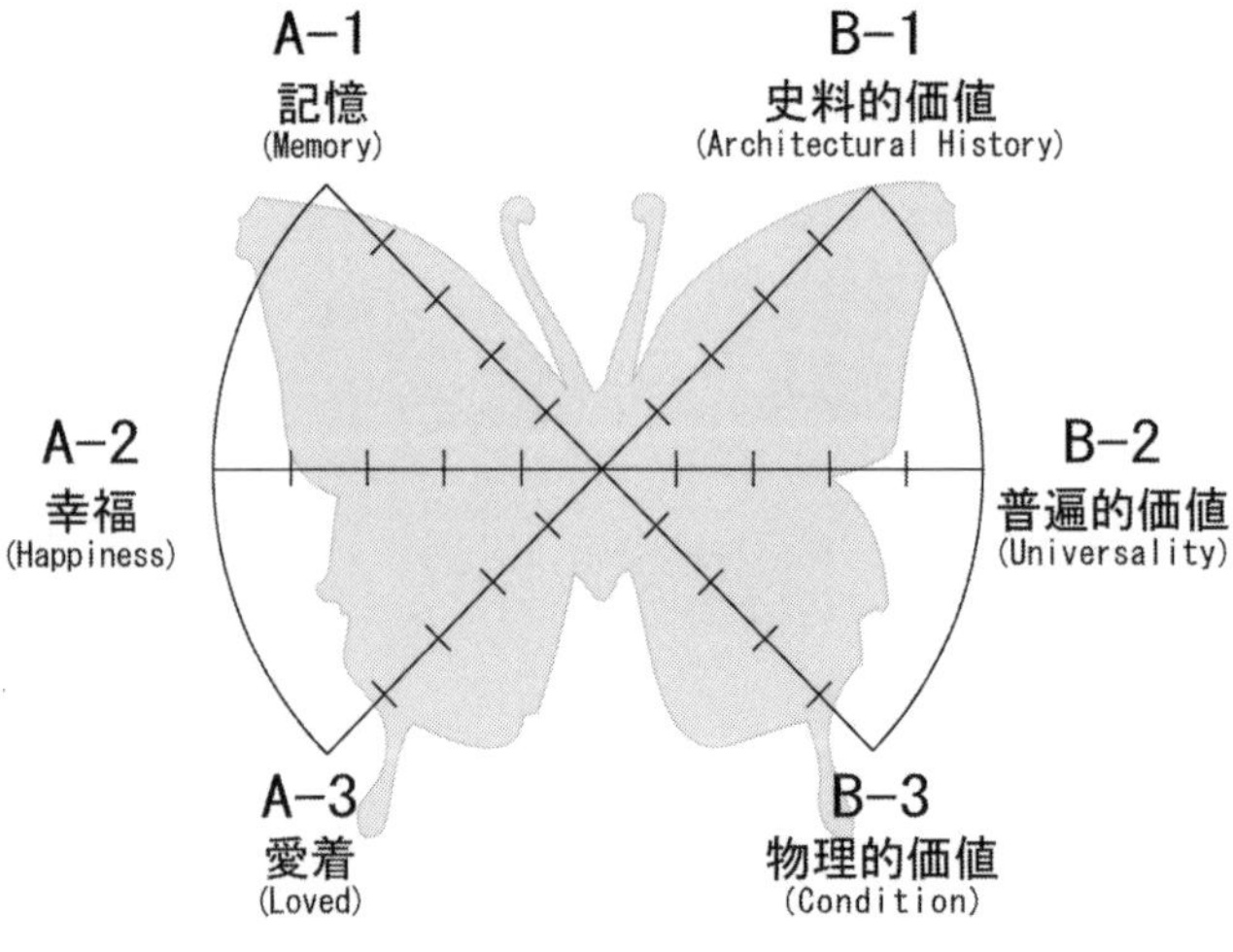

図3　ヘリテージバタフライ(村松研究室作成)

写真１　元オランダ商社の社屋

（左：藤森・村松研究室撮影、右：drs. Akihary, H., *Ir. F.J.L. Ghijsels Architect in Indonesia [1910-1929]*, Seram Press, 2006 より転載）

一方、この建物は、非常によい状態で保存され、建設当時の状況を今に伝えている。さらには、現在も博物館として活用されていて、利用価値も高い。このように、建設当時から今日に至る建築物の状態や、活用しうる資産的な価値を有するかどうかという側面を、物理的価値では評価する。

そして最後の普遍的価値とは、古さや希少性といった点を評価する。この建物で言えば、もちろん植民地期の古い建物と言えるが、それだけではなく、建築のデザインに目を移すと、希少性が了解される。ベースとなっているデザインは、アールデコと呼ばれる二〇世紀初頭にアメリカをはじめとして世界的に広まったものであるが、建物の正面には、ジャカルタの熱帯気候を意識するかのように半屋外のテラスが設けられている。このように世界と共振したデザインの上に地域的特性が表れた希有な建物であり、普遍的価値は高く評価される。

一方、建物は単に専門家だけではなく、それを使う人、その地域に住む人、外から訪れる人などにも影響を与えている。つまり、専門的観点以外から、さまざまな人々の観点からの価値が当然ながら存在し、それもまた重要である。けれどもたいていの場合、さまざまな人にとっての建物の姿は、研究者の目からはかき消されてしまうのである。この状況を打開する一歩として、専門的観点を右の羽に位置づけ、それに対して同様に欠かせない要素として、人々の観点からの価値を左の羽に位置づけることにしたのである。そこでは専門的観点と同様に、三つの評価軸を設けていて、それぞれ「記憶・幸福・愛着」からなる。

写真2の住宅は、かつて建築を学んでいた住民が、自ら設計したものである。彼自身決して有名建築家とみなされているわけではないが、建物を介してつくられた彼の記憶は多彩でかけがえのないものであり、私たちも調査をとおしてその記憶にアクセスすることができる。このように、人がモノを介して形成する記憶の大きさや、それへの接続可能性などを「記憶」においては評価する。

写真3は、一九三二年にオープンしたアイスクリーム屋である。この建物と店は、非常に長い間多くの人々を楽しませてきた。このようにモノが持続することによって得る喜びや、反対に持続が断ち切られることによって受ける衝撃などを、「幸福」では評価する。

写真4は、現オーナーの祖父によって建てられた二〇世紀初頭の住宅である。オーナーは代々受け継ぐこの家を誇りに思い、自分の住宅のことをよく知り、丁寧にメンテナンスをしてきている。このようなモノに対する誇りや、深い知識、そして丁重な扱いなどを「愛着」においては評価する。

これら左の羽の要素は、決して右側の専門的観点と無関係ではない。実は右側の価値とは、左側の観

写真２　住民によって設計された住宅（藤森・村松研究室撮影）

写真３　1932 年創業のアイスクリーム屋（藤森・村松研究室撮影）

写真４　植民地期に建てられた先住民の住宅（藤森・村松研究室撮影）

点に専門的な知識を介在させることで判断しているにすぎない。要するに、右側とは建築史にとっての重要な「記憶・幸福・愛着」を評価しているのである。

そして、その右側よりも左側の価値を判断することのほうが実は難しい。なぜなら決して絶対的な評価などできないからである。一回の調査では、当然ながら、必ずしも多くの人の意見が聞けるわけではなく、誰にとっての価値かは、調査する人の感覚や想像力に左右され、常に誤解が生まれる。しかし、だからといって考慮することをあきらめるのではなく、評価が書き換えられていくことを前提としながら試みることこそが、多くの人の遺産資産への関心につながっていくはずである。したがって、評価するという行為は、無意識的な営為の中で持続してきたモノに対する個々人の見方を変える働きを持つ持続への介入と言えるだろうか。

4　さらなる介入――発信するシステム・ヘリテージマップ

ジャカルタ調査では、評価する行為から一歩進んで、「ヘリテージマップ」の作成という新たな試みを行った。この試みは、評価するシステムに対して発信するシステムを築くことを目的としている。われわれは調査をとおして、まちに埋もれている遺産資産を発見し、それを評価するが、同時にそれらを社会に向けて提示していくことも重要だと考えている。しかし、その提示の仕方は、単にわれわれからの一方通行的なものでは不十分である。前述のように、評価そのものは絶対的であり得ず、とりわけ左側はさまざまな主体によって変化するがゆえに、評価は常に更新されていくべきだろう。したがって、発信する行為には、社会からわれわれの側に対して評価の更新を促すような還元も企図されており、双方向的な対話が生まれることを期待しているのである。

「ヘリテージマップ」とは、そうした発信のための地図である。ジャカルタの端的な都市史、調査および評価の方法、発見された遺産資産とその空間的配置・情報・評価が簡単に理解できるように一枚の紙の上にデザインされている。このことで、多くの他者が遺産資産を容易に把握し、その評価を吟味することが可能となる。

しかし、この地図に描かれるものはこれだけではない。通常一枚の紙からなる地図には、表と裏が存在し、これらの内容は表に描いている。では、裏には何を描いているか？　最後にそれを述べることにしよう。

はじめに、悉皆調査は都市を理解するための第一歩だと書いた。悉皆調査で得られる三〇〇〇件もの遺産資産は、一見すると単なるモノの集まりにしか捉えられない。しかし、詳しく見るならば、これら総体からその場所固有の特徴が立ち上がってくるのである。

数の面から言えば、ジャカルタの遺産資産の多くは、かつてオランダ人によってつくられた植民地行政上の施設や土木構築物である。それらの空間的配置に目を移すと、植民地期をとおしてオランダが、コタ地区から、次第に南へと都市を拡大し、都市の顔を築いてきたことがわかる。しかし遺産資産には、現在ジャカルタの都市に燦然とそびえる独立記念塔をはじめとした独立後のモノも含まれ、それらに着目すると、植民地期とは異なる新たな国民国家としての都市の顔をつくろうとした様子も同時にうかがい知ることができるのである。

また、植民地行政上の施設と並んで、やはり数多く建設され今なお残っているものには、オランダ人が住んだ住宅がある。これら住宅の変遷によって、植民地における建築状況の変化を詳しく知ることができる。しかしそれだけではなく、独立後はそれら住宅には土着の人々が住み、さらには新たに建設されるインドネシア人の住宅の多くが植民地期の住宅の影響を大きく受けたものであることも遺産資産から理解できるのである。

他方、数の上では圧倒的にオランダが関わっている遺産資産が多いが、それ以外にも植民地期に先住民によってつくられ、住まわれた建築も含まれている。それら遺産資産からは、植民地化が進展する中で、既存の慣習や近代化による新たな価値観などから影響を受けながら、先住民の建築がどのように変容してきたかを理解することができる。

そして、ジャカルタの遺産資産を構成する上でもう一つ重要となるのが、華僑・華人による建築である。植民地期をとおして多くの華僑・華人がジャカルタに移住し、いくつもの華人街を形成した。そこでは今なお密集的に当時の建築物が持続しており、それらをとおしていかに長期にわたって華僑・華人がジャカルタに息づいてきたのかが了解されるのである。

こうした遺産資産から立ち現れるジャカルタに特有な要素を、「都市の顔」「コロニアル住宅」「先住民の建築」「華人街」としてまとめ、ジャカルタの文脈をより深く人々に理解してもらうために、地図の裏面に描いたのである。

これに加えて裏面には、もう一つ「あなたの遺産の発見」という項目を設けた。リスト化されるモノは、私たち調査する者によって遺産資産として認識されるのと同時に、多くの人々にとっても遺産資産でありうる。そのため、私たちが調査をとおして遺産資産と対峙してきたように、この地図を見る人もまた同様に、自分にとっての遺産資産でもあるのだと認識して建物を評価し、さらには自分なりの地図にはない新たな遺産資産も発見できる地図となるように、この項目を設けたのである。なぜなら、遺産資産を単に私のものとして認識するのではなく、「あなた」という他者を含んだ意味での「私たち」のものであると認識した上で初めて、より多角的に持続への介入のあり方を議論できるような持続学が成立すると思われるからである。

5 最後に――持続学への地図

以上のような、まちを歩き、モノを見るという都市理解の第一歩は、どの場所にも通じる普遍的な方法である。現に、日本から始まって、今やアジア諸都市に関して膨大な蓄積があり、さらには新たな都市へと展開してもいる。そして、それらの成果を、ジャカルタでの地図の表面のように、それぞれの都市でも、共通の枠組みの下、発信していくことができるだろう。しかし、ジャカルタでの事例のようにそうして描かれる地図の表からは、それぞれ場所固有の文脈が立ち上がってくる。そのため、さらに文脈理解を深めようと思えば、いきおい各都市に適した個別的な方法を選択していかざるを得ない。けれども一方で、個別的であるがゆえに、それを広く社会へと発信し、共有していく共通の基盤は、つくられようとしてこなかったように思う。確立していないように思う。そのため、ジャカルタでの地図のように表と裏という考えを生かして、それぞれの都市固有の方法によって裏側の地図が描かれていくならば、ヘリテージマップは、共通の基盤の下、各都市の文脈を社会へと伝える非常に有意義なものとなるだろう。

日本では、早くから悉皆調査などが実施されたことによって、現在どんな遺産資産が残っているかは、広く把握されるようになった。しかし、私たちが近年このプロジェクトをとおしてジャカルタで問題とするような、それらをいかに評価するか、あるいはそれは誰のための遺産資産か、そしてその遺産資産をどうすればいいのか、という点は、日本の諸都市でも十分に議論されていない。そのため、この地図を描いていくことが、日本においても持続しているモノへいかに介入していくかという問題へと歩みを進めるための足がかりになりうるだろう。

地図とは、それをつくる人、それを眺める人の世界観を反映するものである。したがって、この地図をともに眺めること、そして地図づくりをともに試みることによって、遺産資産に対する考えをたえず議論し共有することができる。その結果、持続へといかに介入していくべきかを模索／実践する持続学へのさらなる道筋が、きっと見えてくるはずである。

第四章　テヘラーンのバーザール

——仕方ない持続

深見　奈緒子

1　現代のテヘラーン、そしてバーザール

イラン・イスラーム共和国は、イラク、北朝鮮と並んで、ブッシュの名言「悪の枢軸」というスタンプを刻印された。現代のイランはイスラーム原理主義と一緒くたにされ、現代の資本主義社会から、敵にも近い違和感を持って捉えられる。

一九七九年のイラン・イスラーム革命以後、イランの人々はイスラーム教に熱心で、まちは中世に戻ってしまったと思う人もいるかもしれない。アメリカのグローバリズムとは相容れないイスラーム国家理念の下、イラン、そしてその首都テヘラーンで、持続するものとは何だろう。そして、それはどのように持続を維持し、今後も持続するのだろうか。千年持続学プロジェクトでは、テヘラーンのバーザール

の持続性について考えてみた。

テヘラーンの歴史は、千年までは達しないけれど、旧市街部分が壁で囲まれたのは古く、四五〇年ほど前に遡る。第二次世界大戦以後、近代アジアの歴史都市と同様に、旧市街を核として爆発的な拡大を続けてきた。二〇世紀をとおして蓄積された、過度な自動車交通、渦巻く商業資本、農村からの人口集中、大気汚染などなど、多くの都市問題は加速の度を強めるばかりである。

テヘラーンには一九世紀に描かれた数葉の古地図がある（図1）。現代のテヘラーンを見れば、当時の市壁は存在しないし、面積を比較すれば、市域は二〇〇倍ほどに拡張している。ただし、東西二・五キロ、南北一・八キロほどの旧市街部分を見ると、多くの建物は建て変わり、広い自動車道路が貫いてはいるものの、当時の細街路網はよく残っている。中でも中心に横たわる市場、バーザールの部分は、当時の様相をよく残している。加えて、このバーザールは、今でも世界中のものがあふれ、イランの商売の中心である。テヘラーンに住む人はもちろん、地方からのおのぼりさんや、周辺の国々からも買い物客が絶えない。前近代的な装置なので、自動車交通も不便で、荷車とバイクが行き来し、あまりの混雑に人込みをかき分けて歩かざるを得ない。住宅地開発とともに、郊外にもショッピング・センターはできたけれど、バーザールの経済効果は損なわれるどころか、かえってバーザールの地価上昇が叫ばれる。この不思議なテヘラーンのバーザールについて、持続を分析してみよう。

図１　1840 年代のテヘラーン（1852 年出版）

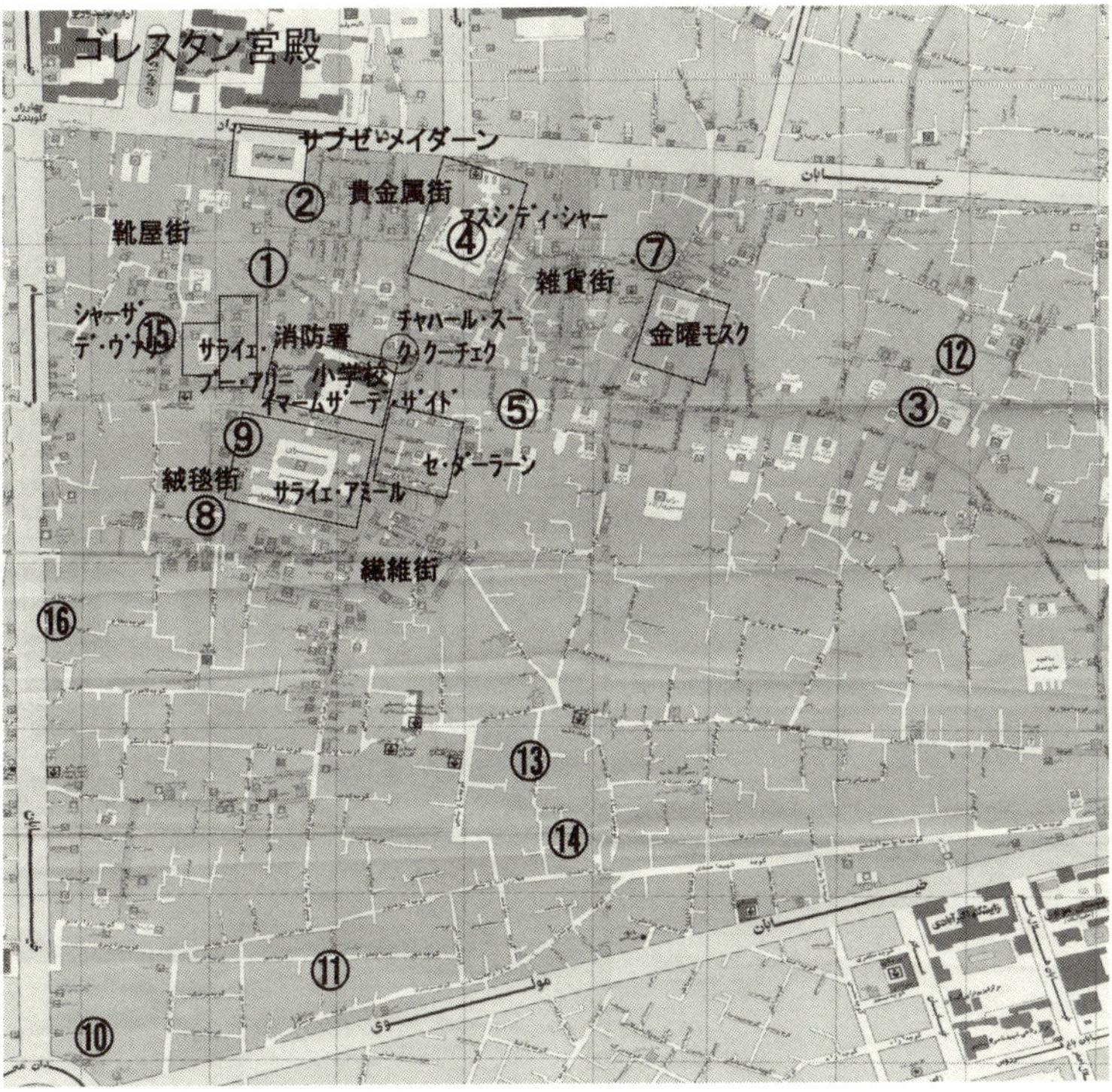

図２　　バザール地区の地図（現状）

2　バーザールとその仕組み

バーザールという言葉はペルシア語である。中東の古いまちの中心には、必ずバーザール、アラビア語ではスークという前近代的な巨大商業集積施設がある。市場という訳語をあててもよいのかもしれないが、その形態や機能は特殊である（以下に記す写真は六八〜七〇頁に掲示）。

バーザールは、ラーステと呼ばれる「通り商店街」（**写真1-①**）とサライと呼ばれる「商館群（中庭商館）」（**写真1-⑤⑥**）から成り立つ。通りには屋根がかかることが多く、日本のアーケード街あるいは地下街とも似ている。通りの両側には、櫛の歯のように粒揃いの店舗が並ぶ。店舗の間口は四メートルほどで、奥行きは倍近くある。同じ商品を扱う店が連なり、絨毯商街、服地商街、金物商街、文具商街といったかたまりをつくる（**写真1-①**、**写真2-⑨**）。

通りの店舗の間に、中庭商館の大扉が口を開ける（**写真1-③**）。中に入ると、大きな中庭の周りをぐるりと店舗と同じような小さな部屋が囲んでいる。古くは、遠隔地商人が小室を宿とし、商品を中庭で取引していたが、近代になると小室は商人の事務所となる。ものや情報の輸送手段が変容した現在は、中庭にも建物が立て込み、工房や倉庫に転用されたものもある（**写真1-⑥**）。テヘラーンのバーザールには二〇〇年近く前に建てられた中庭商館が三十数軒も並んでいる。その特色は、サライの入口から奥の中庭まで通じるダーラーンと呼ばれる通廊が長く延び、その両側にも小割の部屋が並ぶ（**写真1-③**）。また、単一の中庭ではなく、複数の中庭を有し、貸室が数百を超える大規模なものも多い（**写真1-⑤**）。

商館は、バーザールが開く朝の八時から夜の六時まで開いている。夜は大扉に管理人が鍵をかけ、無人となる。

バーザールには、働く人々の公共施設も用意された。公衆浴場（ハンマーム）、茶店（チャイ・ハネ）、食堂もある。水を供給するための伝統的装置には、地下水路（ガナート）、井戸（チャーヘ）、地下貯水槽（アーバンバール）などがあったが、今では水道が完備され、古い装置は放置されたままになっている。ハンマームも近代化の波によって廃業しつつあるが、レストランに改装されたものもある。食堂や茶店は、バーザールという商業の場に合わせ、今でも出前を続けている。

バーザールの中には、由緒あるイスラーム教の礼拝所（モスク、**写真1-④**）や寄宿制の学院（マドラサ）、聖者廟、祭りの場（タキエ、**写真2-⑦**）などが点在する。こうした宗教施設は、ただ信仰の拠点としてのみ存在するわけではない。バーザールの店舗や商館と密接な関係を保持し続けている。商館の小室や店舗のいくつかを宗教施設が所有し、商人に賃貸し、収入を得ていた。お金持ちが設立した商館では、毎年の収入の何分の一かを、あるモスクへと納入することを指定したものもある。これは、イスラーム教のワクフという関係で、宗教施設の永遠性を保障するために、宗教施設を経済的に維持する財産を同梱するのである。金銭の出納は、国のワクフ省をとおすようになったが、この仕組みは今でも生きている。このように、宗教施設は、ワクフによって、「永遠性」すなわち持続が保障され、それを支えているのはモスクが所有する商館や店舗からの収入である。

所有が持続を解く一つの鍵になる。テヘラーンではバーザール設立からすでに数百年を経て、土地所有関係は、複雑に入り組み重層化している。ある人が商館にある部屋を借りようと思ったら、部屋の所有者ではなく、サルゴフリーと呼ばれる営業権を売買する仲介業者の所へ行かねばならない。すなわち部屋の所有権と部屋の賃貸権が異なる。さらに、一つの商館でもワクフと数人の個人所有が入り組み、建物を一人が所有しているわけではない。加えて、土地の所有権と建物の所有権も同一ではないことが多い。こうした所有の重層性が、建物の更新や大規模開発を阻止したために、テヘラーンのバーザールが今日まで前近代の形態を保っているのではないだろうか。バーザールの形態持続は、いわば「所有の重層性から導かれる仕方ない持続」に関係していると思われる。

3　なぜ今でも？――賑わいの偏り

それではなぜ、「仕方ない持続」が、今でもイラン経済の中で高い集客力と経済効果を持ち続けているのだろうか。

もう少しテヘラーンのバーザールを観察してみよう。同じバーザールとはいえ、地域によって温度差がある。一番賑わっているのは、カーヘ・ゴレスタン（薔薇園宮殿）の南側に位置するサブゼ・メイダーン（野菜売りの広場、転じて緑広場）からまっすぐ南へ下る通り一帯である（**写真1-①**）。ここには、イラン土産や海外の食器や小間物、電気製品あるいは貴金属などが客の目を奪うように並べられ、観光客や一見客でひしめいている。ティムチェという、中庭に屋根のある豪華な商館が特色で（**写真1-②**）、その有蓋商館と商店街が一体化し、途切れることなく続く数多くの店に、気の利いた商品が並ぶ。

この地区の西側区域には南北通りに靴製造、靴卸の店舗が連なる（写真3-⑮）。商館の中庭にも靴に関係する革や靴底などの工房が所狭しと並んでいる。古くからある聖者廟シャーザデ・ヴァリーがその中心となり、聖者廟の一角にワクフとして建造されたという靴工房アパートは、まるで鳥の巣箱を積み重ねたかのようなぎゅう詰めの建物で、一畳敷くらいの立てば天井に頭が届くような部屋に、職人が入って作業を続けている。宗教の持つ富への執着の側面を見せつける。

先の街路を下っていくと、絨毯商の並ぶ地域である（写真2-⑨）。絨毯という有機的な商品を扱いながらも、建物にガラスと鉄が多用されているためか、なんとなく無機感の漂う空間である。それぞれの店が、相当の在庫を抱えていて、全体ではおそらく目のくらむような額になるのであろう。絨毯は石油に次いで外貨を獲得する目玉商品である。イランの絨毯は地方によって文様や色が異なり、それを売り物にしているが、テヘラーンのこの区域に来れば、イラン各地の絨毯がそろっているのである。国際絨毯交易の中心と言っても過言ではない。

そしてこの地域の東側は、生地や服地商に加え、洋服などの繊維雑貨を扱う店舗群が並んでいる。卸売りと小売りと両方に対応しているけれど、いわゆるブティックのような商品の並べ方ではなく、無造作に吊り下げられている。この区域は、サライエ・アミール（アミール商館）とセ・ダーラーン（三通廊商館）という大規模商館から南東方向へと今でも拡張を続けている。繊維産業は絨毯産業と並んで、イランの基幹産業の一つである。以前はイラン産の生地が中心でバーザールの中で加工されていたというが、「ここ数年中国産の廉価な商品に押されて、もう何年も機械は動かしてない」と工場主がぼやいていた（写真3－⑬）。

ザブゼ・メイダーン（緑広場）から東の貴金属街を抜け、マスジディ・シャー（王のモスク 写真1－④）と金曜モスクという由緒あるモスクにはさまれた区域は、次に賑わっている地区である。細い街路で近道するために通過交通も頻繁なのだが、文房具や雑貨などさまざまな商品が扱われる。

そして、本来はバーザールの主要街路であったチャハール・スーク・クーチェク（小四辻）から弓なりに南東へと続く道は、通行する人の数は多いけれど、なんとなく寂れつつあるように見える。両側にある二〇〇年も続く由緒ある商館群は、ほとんどが工房や倉庫に使われ、土地効率を上げるために中庭に建物が建ち、在りし日の面影はない（写真1－⑥）。南東へと下るにつれ、ナッツの乾燥工場になったり、ボロ切れの集積工場になったり、商店街というイメージからははるかに遠くなる。両側に並ぶ商店も、小間物や、金属製品、乾物、服などなど、商品の統一性は失せつつある。

そして、一番変わってしまい、環境悪化の原因となっているのはこれらの商業区域を包み込んでいた細い街路に連なる住宅地である（写真2－⑪）。商人たちは店には住まず、自宅を別に持つのだけれども、昔は大商人たち、それに次ぐ商人たちは、バーザール周辺に豪華な自邸を構えていた（写真3－⑭）。今では彼らはより環境のよい山の手に家を持ち、バーザール周辺の邸宅は空き家になり、小さな町工場や倉庫へと転用されている（写真3－⑮）。主を失った住宅は、見る影もなく、戸閉めになっている家も多い。新しい動きもある。住宅の質は高いので、目ざとい商人が小奇麗に改装したレストランが数年前にオープンした（写真3－⑯）。

もう一つの変化として、ここ十数年、新たにパーサージと呼ばれる店舗複合体が、バーザールのいくつかの場所に建ち、人々を集めている（**写真3-⑫**）。パッサージュというフランス語の借り入れなのだが、ちょうど、日本のデパートの名店街のようで、広めの通路に面していくつかの店が集まっているのだから、伝統的な商館やラーステとほとんど変わらない。ただ、歴史が浅いので、パーサージの建物全体をある人が所有し、その人から店を借りることになる。バーザールには階高制限があるのだが、それいっぽい、あるいは違反を犯してまでも、五層以上の高いビルもある。たしかに土地収益率は高くなるだろうが、まとまった土地を得ることが難しいので、バーザールを取り囲む自動車道路に面するところから、次第に内部へとパーサージが虫食い状に浸透しつつある。

扱う商品や繁盛の程度だけでなく、そこで働く人もさまざまである。海外向け絨毯の大店の主人から荷物運びの人まで格差ははなはだしい、すなわち小売店、安売り店、高級老舗、卸売りの市場、仲介業、国際商社、海外資本、職人工房、家内工場、修理工場、倉庫、銀行、金貸しなど、さまざまな商工業の機能がバーザールに集約していることが、テヘラーンのバーザールの特色の一つである。多様な商工業に携わる、出身地や経済力から見ても多様な人々が集まって、なんらかの関係を持ちつつ仕事をする場なのである。そこには、大量の情報が集まり、商売のチャンスも渦巻いている。「仕方ない持続」が経済的集積をもたらす一つの要因に、こうした「多様性のもたらす機会」が考えられよう。近代的なデパートやスーパーにはさまざまな品物が並んでいるけれども、価格帯にも購入層にもある計画性がある。近代の計画的商業区域や施設の中で、何が起こるかわからないような場はほかに見当たらない。

写真１　バーザール区域の諸相(1)

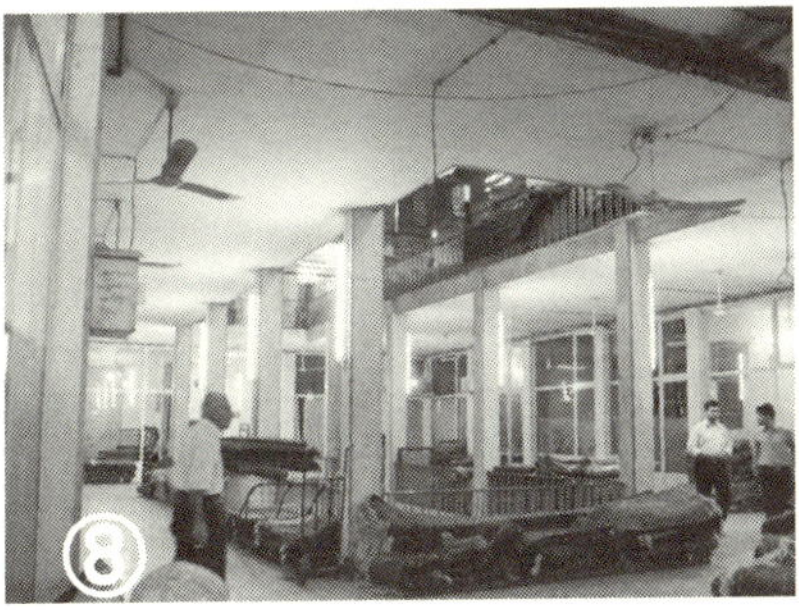

写真2　バーザール区域の諸相(2)

写真３　バーザール区域の諸相(3)

4　なぜ今でも？——商人層のあり方

イランに限らず、イスラーム教徒が多く暮らす歴史都市には多くの前近代的商業施設が残っている。イスファハーンのバーザール、イスタンブルのグランド・バーザールや、カイロのハーン・ハリーリー、フェズのスークなど、アラビアン・ナイトの雰囲気を醸し出し、数多くの観光客で賑わっている。とはいえ、海外資本の投入や現代経済に占める割合、地価の上昇といった点でテヘラーンのバーザールに匹敵するものはないと言えよう。

差異の原因の一つには、一九世紀後半、イスタンブルやカイロの商業施設が、大規模化、郊外化し、デパートの導入、公設市場の建設など西欧化と近代化の道を歩み始めたとき、テヘラーンのバーザールは古い姿のままに成長しつつあったことだ。

当時、カージャール朝の君主が住んでいた宮殿の南側の広場、サブゼ・メイダーン（緑広場）から南へ向かう大通りが、一八五〇年代に建設された。すると、その周囲に大規模な中庭商館や有蓋商館が次々と建設された（**写真1-②**）。有蓋商館は中庭を手の込んだドームで覆い、高級感をかもし出す。当時は、有蓋商館が流行し、そこでは最新の品物が取り扱われたのであろう。新たに建設された商館サライェ・アミール（アミール商館）とセ・ダーラーン（三通廊商館）は、中庭や小室の並ぶ通廊（ダーラーン）を複数持つ大規模な商館で、バーザールの重心が西へ偏りつつあったことを物語る。

その後の大きな転機は、一九四〇年代の自動車道路建設による都市計画再編期にある。バーザール街区が切り抜かれるように四周を大通りで囲まれた。この計画は一九三七年頃に立案されたもので、君主レザー・シャーの意向や市役所、都市計画家の力が大きく作用し、結果としてバーザール街区は分断されることなく、そのままの形で自動車道路に包まれた。この時期に、いくつかの新たな商館が四周の自動車道路から直接アクセスを持つ形で建てられる（写真2-⑩）。バーザールを囲む住宅地では、いわゆる伝統的なイランふうの住宅にかわって、モダンな住宅が建設されていく。

第二次世界大戦後、テヘラーンが拡張を続けたときにも、バーザールの商人たちはバーザールから離れてしまったわけではない。絨毯商の商館がサブゼ・メイダーン（緑広場）の南側に集中的に建設されたのもこの時期である（写真2-⑨）。その皮切りとなったのが、消防署の西側にあるサライェ・ブー・アリー（ブー・アリー商館）である。一九五〇年代にドイツ資本によって建設され、千軒を超える小さな絨毯商の店舗がひしめいている。一九六〇年代には相次いで古い商館の中庭周りが鉄筋コンクリートで改築される。この時期に同時に起こった繊維産業の機械化と国際絨毯交易によるバーザールへの富の集中に伴い、バーザール周囲の良好であった住宅地に変化が起こる（写真3-⑮）。富裕層はバーザールの周りから北の高級住宅地へと家を移し、バーザール周囲の住宅地が、低所得者層の住まいや工房群へと変容する。

一九七九年のイラン・イスラーム革命は、国王による行き過ぎた近代化と欧米化に対して、保守的なイスラーム教徒の聖職者たちが中心となって勃発した。彼らを支え革命を成功に導いたのは、ウラマーと呼ばれる学者層、学生たちを中心とした左翼勢力、加えて伝統的なバーザールの商人たちであった。

バーザールの商人たちは、国王を頂点とする近代的利権構造の中で、商業に対する近代化や中央集権化に不満をつのらせていたのである。殉教の宗教劇が催され、バーザールの人々の一体感を高める会所（タキエ）は、まさにその紐帯ともなる装置であった（写真2-⑦）。

パフラヴィー朝期の支配者のバーザールへの無理強いは、聖者廟イマームザーデ・ザイドの敷地に象徴的である。バーザールにも近代教育をと鉄筋コンクリートの小学校が政府主導で建設されるが、今は廃墟となり、計画性の欠如を物語る。消防署はかろうじて役割を果たしているが、狭い上に天井を覆われ、加えて人込みの商店街で近代的消防車は、どんな威力を発揮できるのだろうか。

古くから、バーザール商人たちは、イスラームの学識者層と協力して、政治への発言を繰り返してきた。一〇〇年ほど前にカージャール朝の王が西欧に利権を与えたときに、タバコ不買運動を起こしたことも有名である。

バーザールの多様な商人層を率いるのは、一握りのトッジャールと呼ばれる大商人層で、古くは遠隔地交易を操る国際商人たちである。彼らは、自分たちの価値観の下に国の理不尽な政策に抵抗し、その拠点をバーザールに置き続けたのである。そして、モスクやマドラサ（学院）に関係する聖職者たち（ウラマー）は、商人との協力関係を持ちながら支配勢力に抵抗してきたのである。

「仕方ない持続」の持つ効力は、イラン商人の価値観とそれに基づいた岐路における選択がなさしめたもので、その背後には、商業集積地の持つ情報力やネットワーク力、古くから培われた安全性への信用とバーザールの自治があるのではないだろうか。

いくつかの政変を潜り抜け、バーザールでしたたかに生き抜いてきた大商人層、入れ替えはあったものの旦那衆としての中小の商店主たち、時代ごとにバーザールの富に惹かれて集まる労働者たち、バーザールと深い関係を持つ聖職者層、彼らに共通して言えるのは、常に富を追求するしたたかさを持つ反面、イランにおける伝統的生き方を重んじる人々であったということだろう。こうした「商人層を中心とした伝統的意識」が、形態の「仕方ない持続」に活力を与え続けてきたのである。

5　これからどうなる?

カージャール朝、パフラヴィー朝と続く西欧化と近代化の爆進に対して、伝統的なバーザール商人たちは一丸となり政治的勢力に抗し、バーザールの賑わいを持続させてきた。彼らの協力を得て成就したイスラーム革命以後、政治とバーザール商人の関係は安定し、バーザールには平穏な繁栄が訪れたのだろうか。

行政はいつの時代にも商業に対して統制を与える。テヘラーンでも革命後、公営の生鮮市場がまちの南につくられた。冒頭にも言及したように、テヘラーンの都市問題は悪化の一途をたどり、行政は、その元凶はバーザールにあるとみなしている。「一日に五〇万人もの人が出入りするバーザールは、本来の形ではない、バーザールから圧力を取り去りたい」と市の担当者は語る。駐車場も計画されてはいるが今なお不十分で、旧市街内への車の乗り入れは、厳しく管理されている。地下鉄など交通負荷軽減のためにさまざまな施策や提案がなされているが、実情は変わらない。アフマド・ネジャド大統領がテヘラーン市長だった頃、彼は「バーザールにモノレールを通したら」と奇策を提案したらしい。

潮流としての文化遺産の波もバーザールへ押し寄せる。二〇〇年の歴史を有するバーザールの建造物は、文化遺産としての価値を持つとの意識から、テヘラーン市も文化観光庁も、その保存と修理に乗り出している。ただし、上物《うわもの》だけを応急処置的に修理しても、時代が逆行することはないのだから、バーザールの未来をよい方向に導くことにはならない。

今までのバーザールの持続は、重層的所有によって導かれた「形態の仕方ない持続」に対して、混めば混むほどよいという理論の下に「多様性のもたらす機会」が活力を与え、自治を求め自己のアイデンティティーとして「商人層を中心とした伝統的意識」が意図的な選択をして持続させてきたものである。ただし、この図式の中で、形態の持続の部分は、周囲に負荷をもたらす存在になり、無理がきていることは明らかである。スプロールしたテヘラーンの人口は七〇〇万人に達し、バーザールが整い出した一五〇年前と比べると市域は二〇〇倍、人口も約一〇〇倍に肥大化した。そして、モノや情報の輸送手段も変容した。今、テヘラーンのバーザールは、千年の持続を遂げるための岐路を迎えている。

持続の分析からわかったことは、形態が持続していくためには、それに活力をもたらすシステムや、それを利用する人の意識を基盤としながら、時間軸に伴って意図的な変容を遂げていくことが重要である。持続の確認・分析・評価という過程を明らかにしようという研究を紐解いたものの、計画者としての無力さから、まだ持続の未来像へは達することはできていない。一つの可能性としては、持続してきたということを何らかの付加価値として社会システムに組みこむことができれば、主体的にバーザールを運営してきた商人層は、同意するのではないかと考える。また、行政が数多くの禁止事項を求めることは無意味で、むしろそこで働く人たちからの積極的肯定がない限り、形態の持続はあり得ないこともたしかであろう。私たち他者や行政に、持続への協力は可能だけれど、本当の持続は、当事者によるしかない。テヘラーンのバーザールの歴史は、当事者たちの選択による持続だからこそおもしろいのだ。

第Ⅱ部　社会制度の持続性から学ぶ

ここで言う社会制度はかなり広い内容を含む。持続可能性を探求する研究で社会制度を問うのは、一つには現在の社会制度が持続可能性を保障していないという認識がかなり広く共有されているからにほかならない。現在の社会制度（資本主義や自由主義経済そして技術工業社会）は地球環境の持続可能性を保障していないがゆえに、ブーメランのように回りまわってその社会制度自体が持続できないということが明らかになってきている。おそらく一部の社会層の人々が豊かになるという構造は残るかもしれないが、グローバル社会全体が今の社会制度の下で持続していくと考えるのは無理であろう。

では、過去を見渡せば持続してきた社会制度というのはあったのであろうか。実は、歴史を紐解けばすぐにわかるように、何も変わらずに持続したという社会制度はない。もしある社会が持続してきたとするならば、それは社会制度が大きく変化・変容したからにほかならない。では持続可能性を保障していくには、現在の社会制度のどこを変えていかなくてはならないのだろうか。何を変えなくてもよいのであろうか。

序として補足説明をすることが許されるならば、この第Ⅱ部に所収されている三論文がどのようにサステイナビリティ構築に関わっていくかという点を読者のために書いてみたい。

最初の加藤雄三は、交易を通じて過去の社会制度がどのように成立してきたかを日本の南北で取り上げている。この論文は、現在の日本社会が、ある意味では異常な物資の交易を通じて成り立っている社会である、ということを直視するようにと要請する。江戸時代の日本の周辺はアイヌや琉球であった。では、現在の日本社会にとっての周辺はどこであろうか。おそらく日本と交易関係のあるすべての国々ではないだろうか。日本社会がサステイナビリティを構築できるかどうかという問題は、日本が貿易（交易）を行っている他の国々がいかに持続可能性を構築できるかということと直結している問題であることを示唆する論考である。

第二の角南聡一郎は、台湾の近代史を概略している。外部から常に何かが流入してくるという社会では、同時に、内側から外へと出ていくモノに関しても敏感になるという文化的性格がある。また、近代日本では、海外から日本へ流入する技術・情報・物資に焦点を当てる文化的意識を形成してきたので、なかなか日本から海外へと出ていく物資に意識を及ぼすことはなかった。世界の資源を大量に輸入し、廃棄物を大量に生み出し、海外へも輸出している現在の日本社会のあり方を見つめ直す必要性をこの論文は指摘している。

第三の中村和之は、日本の少数先住民であるアイヌ民族をどのように描き出して、子どもたちに伝えるべきかという実践的な問題を取り上げている。ちょうど本書が作成されている最中の二〇〇七年九月には、国連総会で世界先住民人権憲章が採択された。そこでは、先住民族の文化的自治の権利だけではなく、土地の所有権を含めたさまざまな基本的人権を認めるようにと主張されている。ということは、反対に今まで世界の先住民は基本的人権が認められてきていなかったということをも意味する。

サステイナビリティ構築の議論の中で生物多様性の保全だけではなく、文化の多様性の保全も重要な問題として認識されている。われわれは自国内の他者・異文化であるアイヌ民族にどのような位置を認めるべきなのであろうか。それは、やがては日本社会のサステイナビリティの問題へと戻ってくる課題でもある。

第五章　南と北の「日本」をめぐって
――社会制度の持続性とは

加藤　雄三

はじめに

社会を成り立たせている要素に、制度が含まれることは誰も否むことはないだろう。制度は、あいさつのように日常的な習慣に始まり、明文の規定はないものの或る程度共通の認識となっている慣行、相互の権利関係などとして社会のうちにめぐらされ、最終的には国家の法令にまで昇華される。

形を眼にすることができない制度というものを具体性を持って考えるとき、自らがいる場所について検討すれば、感覚的にもわかりやすい。比較することができる対象があれば、さらに理解はしやすい。本章で、われわれが住む列島の南と北を取り上げる理由はそこにある。とはいえ、少なくとも歴史時代において、南である沖縄以南、つまり、琉球とさらに南にある台湾、北である北海道以北、つまり、アイヌおよびその交流対象者の世界は、たいていの「日本」、あるいはヤマトや和人とは文化を異にし、当然、それぞれが持つ制度も大きく異なっていた。

1　日本の南

いわゆる古琉球時代の後期、三山《さんざん》（中山、山北、山南）が抗争を繰り広げていた琉球が中山の第一尚氏《だいいちしょうし》によって一五世紀前半に統一され、第二尚氏が首里に権力機能を集中させた琉球王国を築き上げたというのが、現在のところ通説である。その琉球王国にとって大きな転機となったのが、慶長一四年（万暦三七年、一六〇九）の島津侵攻であった。琉球は、一方で明朝、後には清朝から王としての冊封を受け、かつ朝貢を行い続け、他方で大陸の王朝に秘した形で薩摩藩に従属することを強いられるようになる。このときに始まり、明治一二年（光緒五年、一八七九）のいわゆる琉球処分によって、明治日本の国家体制のうちに編入されるまでを近世琉球と呼ぶ。大陸の王朝に対しては琉球国領であることをよそおったまま、奄美諸島（道之島）が薩摩に割譲されたこの時期、琉球国王の支配が実質的に及んだのは、現在の沖縄県にほぼ一致する。海上の活躍の場をのぞいて考えてしまうと、微々たる陸地において、首里王府を頂点とする官僚機構が築き上げられ、家譜の所持を象徴とする士農の身分制が確立する。そして、薩摩の命により、諸島部におけるまで検地と人別改めが実施され、王国の体制が編成されていった（図1）。

清朝と薩摩・明治日本に両属するということの意味をよくよく考えると、わからないことが多すぎる。

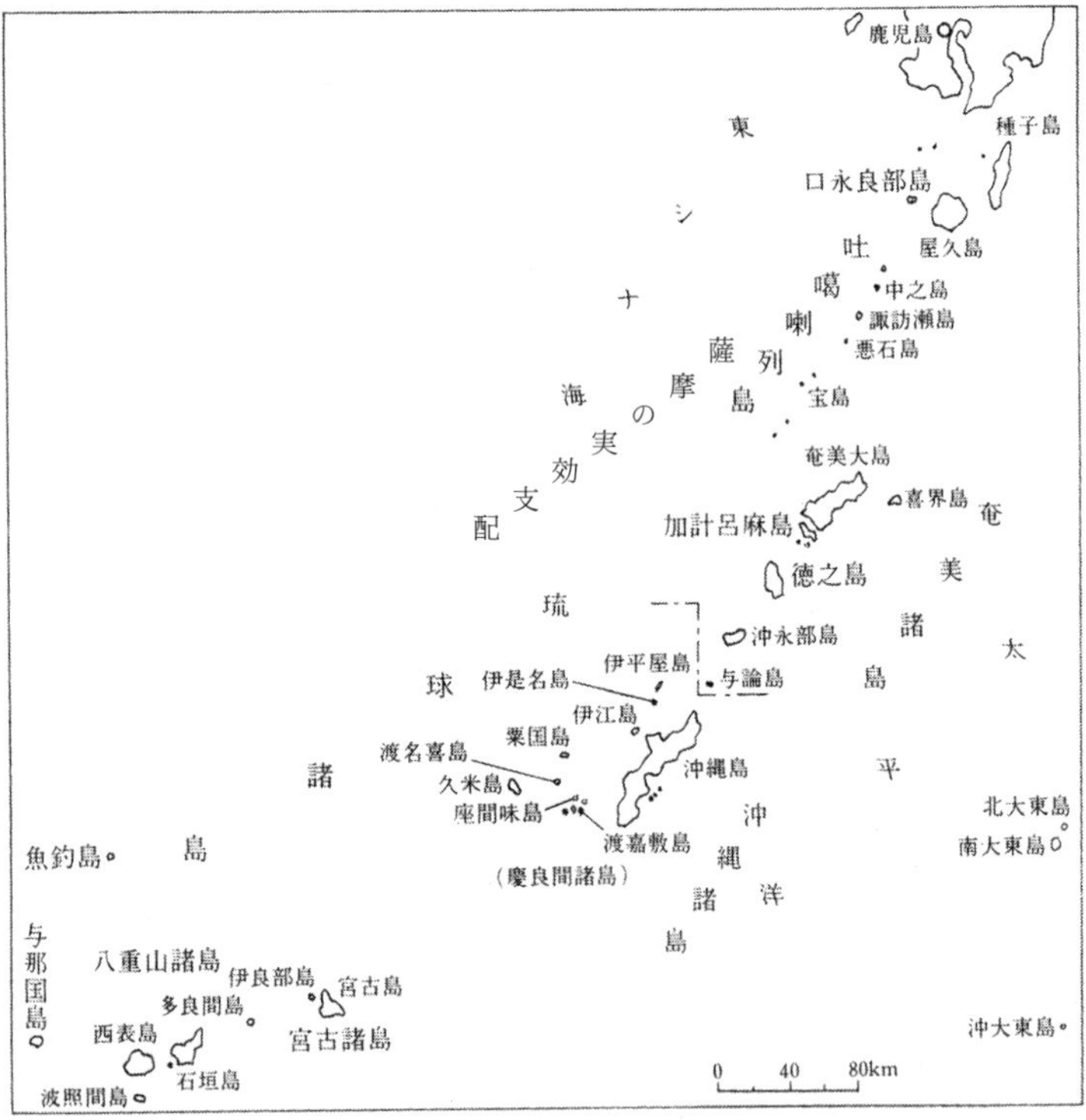
鹿児島
種子島
東シナ海
口永良部島
屋久島
吐噶喇列島
中之島
諏訪瀬島
悪石島
宝島
薩摩の実効支配
奄美大島
喜界島
加計呂麻島
徳之島
奄美諸島
沖永部島
与論島
伊平屋島
伊是名島
伊江島
粟国島
渡名喜島
久米島
座間味島
渡嘉敷島
（慶良間諸島）
沖縄島
沖縄諸島
琉球諸島
太平洋
北大東島
南大東島
沖大東島
魚釣島
与那国島
八重山諸島
伊良部島
宮古島
多良間島
宮古諸島
西表島
石垣島
波照間島
0　40　80km

図1　琉球弧の島嶼

薩摩および江戸幕府は、なぜ琉球の属国化を清朝に秘したのか。朝貢の際に行われる交易だけでは、明朝時期の貿易量にくらぶべくもなく、経済的な目的では説明がつかない。逆に、琉球はなぜに公的に清朝に救援要請をしなかったのか。清琉日三者の本当の意図がどこにあったのかは、今後の研究による合理的な説明を待ちたい。琉球王国は現実と虚像の微妙なバランスの上に成り立っていたし、ある意味で独立の王国であり続けることができた。そのことが、琉球に特有の制度をもたらすことになる。

2　日本の北

「アイヌ」とされる集団が、いつ頃から本州や北東アジアの人々によって認識され、いつ頃から「アイヌ」の人々自身のうちに集団のアイデンティティーが生まれたのかについては、歴史学・考古学・民俗学など諸学問を通じて定説はない。アイヌ研究においては、文献資料があくまでも他者の限られた記述によるものであり、物質資料では心性や特定の歴史事実にまで踏み込んで考察することに危険があり、伝承も資料としての性質にゆらぎがある。

固定した呼称はないものの蝦夷島《えぞがしま》などと呼ばれた津軽海峡以北の地は、江戸時代初期の一六三〇年代、松前藩の直接の統治が及ぶ松前地(日本地とも呼ばれる、渡島半島南端部)とそれ以外の蝦夷地に分類され、ロシアの勢力がシベリアから南下してくるまでは、松前藩と蝦夷地のアイヌとの間で交易が行われた。奥州藤原氏、津軽の安藤氏や松前の蠣崎《かきざき》氏といった強力な氏族がアイヌ、あるいはそれにつながる蝦夷島の人々を組織的に糾合することなく、エゾやアイヌの諸集団が長禄元年（一四五七）のコシャマインの蜂起や寛文九年（一六六九）のシャクシャインの戦いに代表されるような政治共同体への結集の機会を逃したままであったことは、現在の日本を形づくる南北の歴史の対称性を浮かび上がらせる。人口密度の低さだけが原因ではなかろう。サハリンを経由して結ばれた関係にまで目をやると異なる見方ができるのだが、清朝治下のマンチュリアの地にあって八旗に取り込まれなかった集団が、清朝との関係では辺民として散在する小集団であり続けたように、アイヌの集団も本州の政権から見れば、また辺民であり続けたということができるかもしれない。

松前とアイヌの交易体制は、一七世紀前半には商場知行制《あきないばちぎょうせい》が取り入れられる。蝦夷地は商場として松前の藩主一族および家臣に分配され、和人が出入りする場に変容する。一八世紀には、運上金を上納する商人に知行地における取引の一切を任せる場所請負制が定着した。ここにサケやニシン粕《かす》が全国市場に行き渡り、高級乾物である俵物《たわらもの》が西国の交易地で取引されるきっかけがあったのだが、一方でアイヌを経済的弱者の立場に追い込む契機ともなった。

列島の南北について見ると、それぞれの社会がともに他者との関係の中で築かれねばならなかったことに思い至る。当然のことではあるのだが、外界から完全に隔離された桃源郷のような社会など存在し得ない。琉球とアイヌの両者が日本の勢力に従属的な立場となる中で、一方は東シナ海から、他方はオホーツク海から大陸へのつながりを維持して、異なる社会展開を見せていったこと、交易産品の流通によって意図せざる南北の連絡があったことは、興味深い点である。

3　交易にまつわる社会形成――権利から制度への昇華

他者との関係は、それぞれの社会を築く要因の一つであった。その関係性を端的に示すのは物品の取引などを代表とする交易という営みであろう。交易のうちにどのような決まりごとがあり、社会の制度形成にどのような影響を及ぼしていたのだろうか。断片的ではあるがいくつかの事例を紹介したい。

サケ資源と上川アイヌの集団形成　蝦夷地のアイヌ諸集団にとって、最も重要な交易産品の一つがサケであった。このサケの漁場が集団の川筋利用に関して決定要因となっていたという側面がある（**図2**）。上川盆地を流れ日本海にそそぐ石狩川水系は、かつて無数のサケが遡上する良好な漁場であった。上川アイヌの集落は石狩川本流に集中し、忠別川《ちゅうべつがわ》においては美瑛川《びえいがわ》との合流地付近にしか居住者はいなかったよう

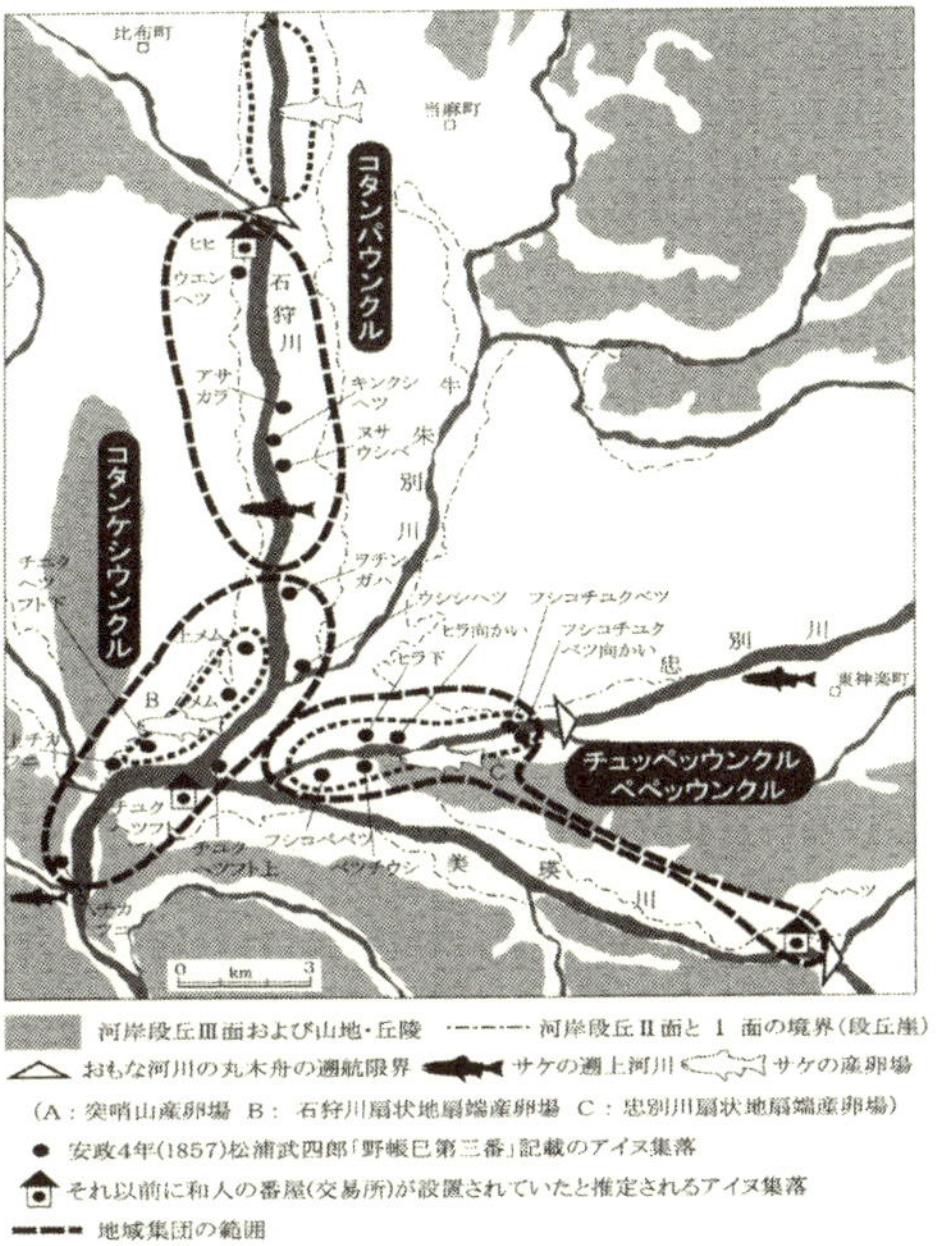

図2　上川アイヌの3つの地域集団
（瀬川 2005、116頁より転載）

である。これらの集落はサケの産卵場を囲む形で、あるいは漁場として好適な場所に沿う形で形成された。同時に交易の交通手段である丸木舟の形状が規定する往来範囲の限界は一つの集落群、すなわち、地域集団の居住範囲と重なる。和人との交易所も、各集落群に一箇所設けられた。上川アイヌの地域集団は漁場の権益を相互に認め合い、石狩川水系から得られる水産資源と周辺の山々から狩猟・採集により得られる資源を交易産品として、和人や他の地域集団との関係を築き上げていたと言えよう。

なお、美瑛川の流域にもベベツと呼ばれる場所に和人との交易所はあったが、サケは同川に遡上しなかったことから、ここで取引された交易産品は獣皮であったと考えられている。ベベツ集落の意義は富良野盆地に抜ける狩猟・交易ルートの要地であったことにあり、交易がもたらす社会形成の作用を示すもう一つの例と言える。

琉球に漂着する人々に起因すること　奄美諸島を含む琉球弧において、キカイガシマを一大拠点として七世紀頃からヤコウガイの流通があったこと、長崎産出の石鍋（一一世紀頃）、徳之島産のカムィヤキ（一二世紀から一五世紀）が交易品として多く扱われていたことは、よく知られるところである。

近世琉球にあっては、すでに述べたように、蝦夷地からもたらされた俵物や昆布、薩摩産のカツオ節が大陸に輸出され、逆に竹製農具などの生活用品、薬材などが輸入され、「薩摩口」としての役割を担わされていた。往来したのはモノだけではない。当然、モノは人間によって運搬されなければならない。しかし、中には意図せずに琉球にたどり着く者もあった。航海中の事故によって琉球の海域まで漂流してきた漂着民である。ここでは産品だけではなく、人間も移動させるモノとしてみなし、考察したい。東シナ海および日本海沿岸の本州・九州各地でも、朝鮮・中国からの漂着民はあったが、彼らについては、正規の対外交渉地である対馬口あるいは長崎口から送還すればそれでよかった。しかし、薩摩との関係を隠蔽していた琉球においては、漂着民対策は細心の注意を払ってなされねばならなかった。本国に送還された漂着民を通じて清朝に薩摩への従属の実態が露呈してはならないからである。このため、地方《じかた》の行政単位である各間切《まぎり》には遠目番《とおめばん》が置かれ、異国船を発見すると直ちに王府派遣の海防官である在番に報告がなされ、間切の住民が総出で漂着民の監視や船の曳航にあたり、王府の鎖之側《さすのそば》からの指示を待った。こうした事実を見ると、徴税系統とは異なる海防に基づく地方編成の系統も琉球には存在し、王府の下の国家体制が複雑に構成されていたことがわかる。

船が修理可能な状態で、食糧さえ与えれば自力で帰国できる者はそれでよいのだが、問題は救助が本当に必要な漂着民である。彼らは、現在も那覇市内に名を残す泊村《とまりむら》に原則的に移送され、当地の泊士《とまりし》によって世話をされた。泊士の役務は王府から課された義務であり、鎖之側系統の制度の一端である。士族として出世に恵まれなかった泊士にとっては、漂着民の世話は朝鮮語を習得し、久米士に独占された漢語通事とは異なり新参者が進出する余地がある朝鮮語通事としての職にありつく機会であったとともに、医療などで功績を立てる機会でもあった。泊士は制度を自らの立場の向上に戦略的に利用し、制度のすき間に自らの活躍の場を見出していたと言えよう。

中間民という存在　交易には相手が必要である。本章で検討している交易は言語・習俗を異にする集団の間で行われているものが多いことは見て取れるだろう。沈黙交易であれば、支障はないかもしれない。しかし、蝦夷地にせよ、琉球にせよ通訳として交易を媒介する集団がいた。前者では請負商人の側にアイヌの言語をあやつる者がおり、後者には久米村のいわゆる閩人《びんじん》三十六姓が漢語通事としての職能集団となっただけでなく、文化の媒介者としての役割を果たした。

視野をもう少し南と北とに広げてみると、彼らと同様の中間民とでも呼ぶべき興味深い集団がいたことに気づく。異なる構造や制度を持つ複数社会をつなぐ人々である。清朝統治時期の台湾においては、公的な制度として番界なる境界線が設定され、清朝の統治に服さない生番《せいばん》と漢人の接触は禁じられ、両者の間に取引は成立しないはずであった。その間を問屋のような仲介者として取り持ったのが番割《ばんかつ》と呼ばれる人々である。彼らは漢人ではあったが、生番の言語に通じ、時に生番と通婚して番界を越えて居住していた。一八世紀初頭、清朝の台湾進出当初は勝手に漢番間で取引を行い、官府にとっては税収を減じさせる好ましくない存在であった番割は、一九世紀にはその積極的な意義が評価されることになる。台湾の在地社会にあっては、番割が生番と漢人の交易仲介者となっていただけでなく、両者の安全を図る役割を担ったという。清朝の制度と在地の習慣の狭間で媒介していたのである。番割の存在意義は日本統治期にも薄れることなく、日本人・漢人・蕃族の間での活動が期待された。

中間民とすべき存在ではないのかもしれないが、北東アジアからサハリン、宗谷にわたる長距離の経路でサハリン産のクロテンの毛皮、日本産の鉄製品、大陸産の蝦夷錦に代表される紡織品を交易のために運搬した人々がいた。最も知られているのがサンタン人、そしてスメレンクルである。彼らは清朝の極東支配の拠点であった寧古塔（黒龍江省寧安市）、三姓（黒龍江省依蘭市）で毛皮を貢納する一方で交易を行い、仕入れたモノをサハリン南端の白主会所などで取引した。その認識は、清朝・松前藩（江戸幕府）からすれば、辺民・非礼の民というものであったが、実際には、高級な奢侈品をもたらす不可欠の存在として、両国の役人とも対等の地位を築き上げていた（**図3**）。

境界において活動する者はさげすまれる傾向があるが、現実の営為の中では多くを理解する者として存在感を実質的に高める。琉球王国にせよ、そして、その中の通事にせよ、番割にせよ、サンタン人にせよ、複数の制度の間で戦略的に自らのふるまいについて選択を行い、実践を通じて他者との関係を築き上げていた。

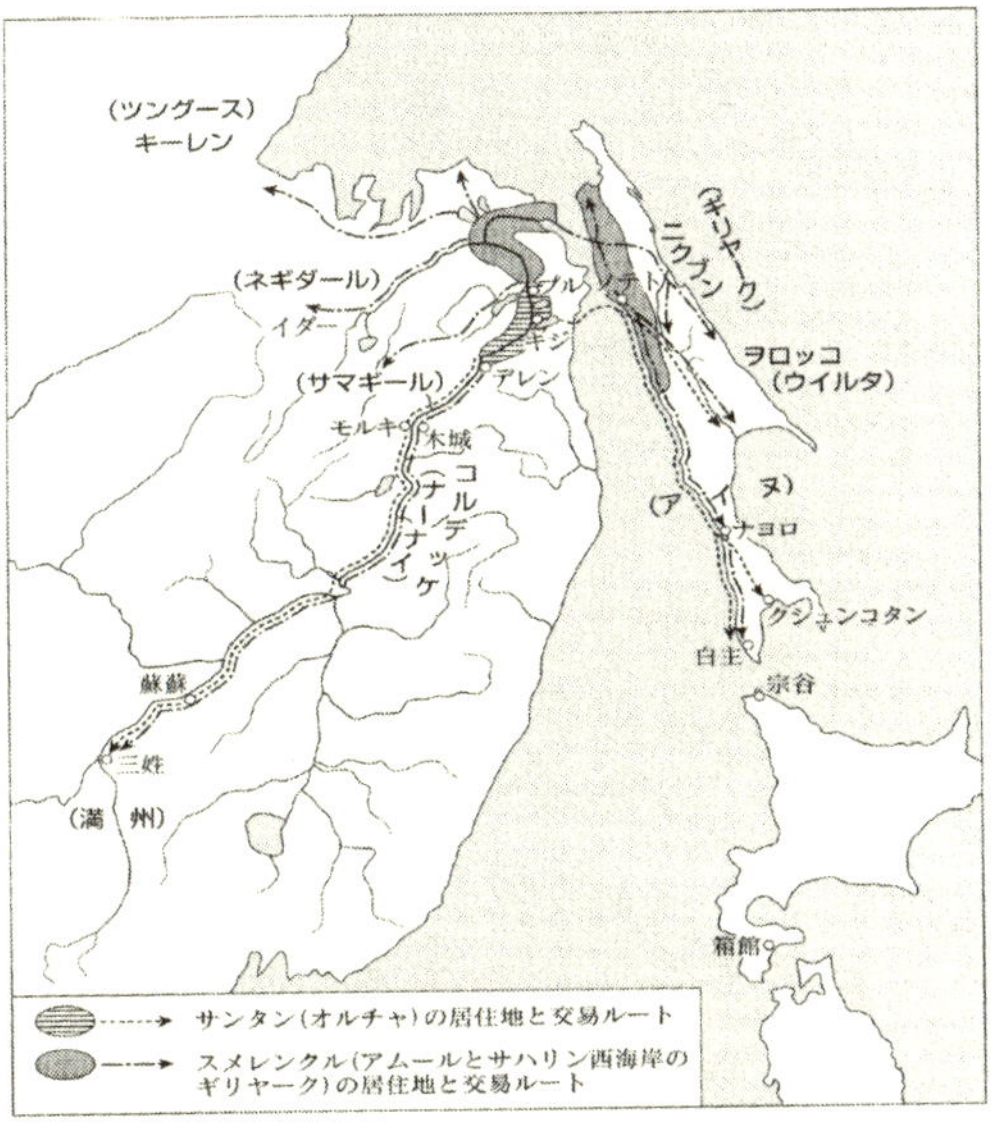

図3　サンタンとスメレンクルの居住範囲と交易経路

（佐々木史郎「サンタンとスメレンクル―十九世紀の北方交易民の実像」天野・臼杵・菊池編 2006、14頁より転載）

4　現在から過去を見る目、過去から現在を見る目

本章には、制度の持続性とその意義について考えることが課されている。前に見たような個々に形成された制度は「持続する」のだろうか。そして、今と将来を考察するためにどのような意味を持つのか。政治体制や経済条件の変容、それらがもたらす地縁・血縁のあり方の変貌を考えても、制度がそのまま何も変わらずに真の意味で持続していくということはあり得ないだろう。人々の行動様式や生活様式も流行などに押されて変化する。世の中の決まりごと、つまり、制度は、行為の中で実践されることによって、その意義を確認される。制度の実践の場では、できるだけ先例にならうことが意識されるであろうが、まったく同じ条件の下でも、時によってやや異なる形で行われる。

ニュアンスからすれば、制度は持続するのではなく、人々によって継承されて用いられ、必要に応じて改廃されると言ったほうがふさわしかろう。つまり、制度は時間の流れの中で常に変容しながらも用い続けられ、ときにすたれていくものなのである。こうした継承される場合を持続と称してよいのであれば、制度は持続しうるものとも言える。

前に制度の形成と実践に関わるさまざまな側面を述べたが、それらは琉球王国内の人々、アイヌ、中間民などの各集団が制度を実践する際の戦略を積極的に評価した場合の事例である。われわれが過去の事象に目をやるとき、どうしても「現在」の、そして「観察者」のバイアスというものがかかってくる。「見出したいもの」を見てしまう危険が常にある。あくまで歴史の叙述は一つの可能性あるストーリーだと

いうことを意識しながら、現代へのストーリーの投写をしなければならない。過去に学ぶといっても、考えるきっかけを求める先を現代の社会だけでなく、「そうであったと思われる過去」まで広げるということにすぎない。また、過去と類似の事象への投写を図るといっても、アイデアの中の一つ、あるいは、その後にあると予想されるストーリーの一つなのである。それは、将来に投写する場合も同様であるし、留意されねばならない点である。

制度の継承の意義を語る上で、最大の困難は社会体制の断絶に関わる問題である。世界に領土と国民を限定した国民国家が成立した時点で、移行期はあるものの在地集団が主体となり、自らの集団的営為に便益を導こうとする渉外交易は絶えてしまった。本章で述べてきたような交易に関わる制度形成はそのままに現在と未来の在地社会に適用することはできないし、その意義も薄れたように見える。過去と現在の条件が同じではないことは当然であろう。琉球もアイヌも明治体制下の日本に組み込まれた。一方は第二次大戦後の米軍統治を経験し、再び日本の県となることを選択した。一方は旧土人保護法などによって同化政策が施され、ほとんどの者が母語や旧来の慣習を失い、母国としての日本に混和していくことを選択せざるを得なかった。過去にいかなる契機を見出し、今の社会の中でいかに語っていくべきなのか。今後、制度実践においてどのような枠の中でどんな選択をしたらよいのか。本書第七章において中村和之が語るのはこうした表象と実践のバランスの問題である。同様のことは第六章の角南聡一郎の問いかけについても言える。台湾の現在を見る上で、日本統治時期と蒋介石支配が残したものをどのように捉えたらよいのか。それが、台湾人を今後どんな方向に進めていくのか。

人は意識するとしないとにかかわらず、社会なり世間なりの複雑な関係の中で生きている。そこにはさまざまなレヴェルで制度が網の目のようにめぐらされている。この短文で描き出すことができるのは、そのわずかな一面であろう。しかし、その決まりごとにならった行動のいずれもが過去における日々の実践を受けたものであり、将来に痕跡を残していくものであることは忘れられてはならない。本章が日本の南北における交易をめぐる個々の社会形成を列挙することで述べようとしたのは、第一に、交易品、モノという側面から史実を見直すだけでも、さまざまな事象の連鎖的な部分が浮かび上がってくること、第二に、過去・現在・未来を問わず、制度の継承は実践する際に行われる多くの可能性の束の中からの選択であること、この二点につきる。

参考文献

赤坂憲雄（二〇〇〇）、『東西／南北考―いくつもの日本へ』岩波書店。

天野哲也・臼杵勲・菊池俊彦編（二〇〇六）、『北方世界の交流と変容 中世の北東アジアと日本列島』山川出版社。

菊池勇夫編（二〇〇三）、『日本の時代史19　蝦夷島と北方世界』吉川弘文館。

菊池勇夫・真栄平房昭編（二〇〇六）、『近世地域史フォーラム1 列島史の南と北』吉川弘文館。

佐々木史郎（一九九六）、『北方から来た交易民―絹と毛皮とサンタン人』日本放送出版協会。

『社会制度の持続性に関する学融合的研究　中間活動報告』Ⅰ～Ⅲ（二〇〇五―〇七）。

瀬川拓郎（二〇〇五）、『アイヌ・エコシステムの考古学―異文化交流と自然利用からみたアイヌ社会成立史』北海道出版企画センター。

豊見山和行編（二〇〇三）、『日本の時代史18　琉球・沖縄史の世界』吉川弘文館。

三田村泰助（一九九〇）、『世界の歴史14　明と清』河出書房新社。

＊『中間活動報告』を除き、入手が比較的容易な単行本を挙げるにとどめる。なお、本書の性質上、文章への註記は省略するが、本章の執筆にあたって多くの先行業績によった。

第六章　社会制度の持続性から見た台湾の歴史と文化
――モノからの眺望

角南　聡一郎

1　台湾とはどのような場所か？

台湾とは？　韓国同様日本に近く気軽に行くことのできる海外、中国の一部、などが日本人にとって最もポピュラーなイメージであろう。だが、この台湾という場所が、西洋と東洋、日本と中国といった外の世界との度重なる関わりの中で、さまざまな影響を与えられてきたという歴史は、若い世代にはあまり知られていない（小林よしのりなどにより、台湾の複雑な歴史を知った若い世代もいるだろうが、小林による紹介は決して平等な歴史観に基づいたものではないことを周知しておく必要があろう）。台湾は、一八九五年から一九四五年までの五〇年間、日本の植民地であったことは揺るぎない事実である。このような複雑な歴史は、実は現在も継続していると考えられる。二〇〇七年五月、元台湾総統の李登輝（一九二三〜）

が二〇〇一年四月、二〇〇四年一二月に続いて三度目の来日を果たしたが、彼が来日する際には、毎度ビザの認可問題などを含めて大きな話題となってきた。さらに今回の来日目的の一つは、靖国神社に合祀されている彼の兄への慰霊のための参拝という。これは、かつて日本植民地であった台湾で、召集された李の兄がフィリピンで戦死したことにより、靖国神社に合祀されていることに基づいた行動である。また、二〇〇五年六月には、台湾立法委員・高金素梅ら六〇人の台湾先住民（台湾では、「先住民」と表記した場合、滅亡した民を意味することから「原住民」が一般的に用いられている）が靖国神社を訪れた。これは、戦没した高砂義勇兵の霊を取り戻す儀式「還我祖霊」を行う目的であった。高砂義勇兵とは、太平洋戦争末期、台湾先住民を南方の戦場に投入するために創設された高砂義勇隊の兵士のことである。

このように、台湾は現在でも日本植民地時代という、亡霊と意識的に関わっているようにも見える。これはどのような歴史的背景によるものなのだろうか。以下簡単に台湾の歴史を見ておきたい。

台湾は、「夷州」「琉求」などさまざまな名称で古代中国の史料に登場していた。しかし、詳細については記されることは少なかった。台湾には、フォルモサ（Formosa）という別称が存在する。これは、「美しい」という意味のポルトガル語が原義であり、一六世紀半ばに初めて台湾沖を通航したポルトガル船の船員が、その美しさに感動して「Ilha Formosa（美しい島）」と呼んだことに由来するとされる。台湾は、このときに初めて西洋人に「発見」されヨーロッパに紹介されたのである。フォルモサとはまさに西洋から見たエキゾチズムそのもののイメージであった。一六二六年にスペインは台湾北部を占領するものの、一六四二年にオランダにより追放された。台湾のオランダ統治時代は、オランダの東インド会社が台湾島南部を制圧した一六二四年から一六六二年までの三七年間を指す。これは、大航海時代におけるヨーロッパ人のアジア進出の結果であった。

オランダ時代に続いて、日本人を母に持ち明を擁護した鄭成功（一六二四～六二）による鄭氏政権が確立する。この政権は、一六六一年、清によって倒された明を復興しようとする、いわば明の亡命政権であった。鄭氏政権は、独立国家と称してイギリスや徳川幕府とも貿易を行っている。

しかし、この政権も長続きはせず、三代で滅亡の途をたどり、清の直轄支配を受けるようになった。その支配の中で、対岸の福建・広東地方から、多くの漢族が台湾へと移住した。一八八五年、新たに台湾省が設置されるにあたって、省都が台北に設置された。この頃、東アジア情勢は緊迫していた。段階的に朝鮮半島を支配しようとした日本は、朝鮮の帰属をめぐってたびたび清とトラブルになった。これを契機として、日本と清は直接戦争に突入した（日清戦争一八九四～九五）。結果、日本が勝利し、下関条約が締結された。この条約により台湾は日本に割譲され、日本の植民地となった。以来、五〇年に及ぶ日本植民地時代を経て、一九四五年の終戦後、台湾は中華民国へと返還された。

一九四九年に中国共産党との内戦に敗れた蒋介石は、台湾島に逃れた。このため中国国民党の実質統治範囲は、台湾島一帯だけとなった。つまり、中華民国＝台湾という図式が完成したのである。

このように、台湾の近世から近代とは、まさに西洋の諸国、中国、日本と立て続けに外部の国家による干渉と支配を受け、濃淡はあるものの、それぞれの文化や制度を受容した、強いられた場所であったことがわかるだろう。

2　台湾に住まう人々と彼らの諸制度

本章1で紹介したように、歴史上台湾をさまざまな人々が通り過ぎていった。その中には定住した人々も少なからずおり、そのような人々により持ち込まれた制度や慣習があった。以下、目に留まったものを中心に、そこに住まう人々との関係から時代を追って紹介しておきたい。

台北県淡水鎮の紅毛城は、スペイン人が一六二九年に築いた砦である。一方、台南市の安平古堡は、一六二七年にオランダ人が造営した要塞で、ゼーランジャ城と呼ばれた。ここには西洋式の砲台も残されている。また同市の赤嵌楼も、一六五三年オランダ人が建てたもので、プロビデンシア城と呼ばれた。一六六一年に鄭成功が占領すると、承天府と改名した。このようにオランダは、台湾で最初に都市整備を行ったと評価でき、軍事制度も西洋的なものを導入していたと言える。

鄭氏政権が導入したものの一つに、中国的暦制度がある。中国、南明政権の永暦帝の治世で使われた年号である「永暦」は、一六四七〜六二年まで使用されたが、南明政権の滅亡により大陸では用いられなくなる。しかし、その後も台湾の鄭氏政権によって永暦三七年（一六八三）まで使用され続けたのである。台湾で初めての漢民族政権は、それまでのオランダ人による西洋暦から東洋暦へと転化させた。

一方、鄭氏政権は、故地の泉州でも特徴的であるが、海上航路を縦横無尽に駆使して、移動・交易を行うという海賊的な側面も有していた。澎湖諸島などを基点として、日本の倭寇と類似したような活動も行った。この時代は、公に引かれた国境とは異なり、庶民のレベルでの境界は不明確であったと考えられる。それは、倭寇が朝鮮半島に築いた倭城の存在からも明らかであろう。

一八七二年台湾・淡水に来たカナダ籍のカナダ・キリスト教長老会宣教師マッカイ博士(Mackay, George Eslie, 一八四四〜一九〇一)は、医療と布教に専念し台湾医学に貢献することになる。一八七八年にマッカイ博士は台湾の女性と結婚し、台湾に定住しこの地で亡くなった。医療制度・教育制度の面で、マッカイ博士が台湾に与えた影響は大きい。

本格的土地制度は清により台湾に導入された。このことにより、漢族と台湾にもとから居住していた人々との間で、トラブルがたびたび生じた。台湾の先住民とは、台湾では一般的に「台湾原住民」と呼ばれる人々である。このような敵対的関係だけではなく、先住民と漢族との間で交易が行われてことも知られている。先住民が遺したと考えられる遺跡から、青磁や中国銭といった中国系文物が出土する。このことからも、交易によって先住民に漢族の文物がもたらされていたことは明らかである。

日本植民地時代には、賛否両論あるものの、インフラの整備が行われたことが挙げられる。このようなインフラの整備により、鉄道網が整えられるなどの社会的制度の変化を見ることとなった。また、教育面でも公学校や師範教育機関、台北帝国大学の設置などが行われた。

国民党時代には、大陸の制度への転化が試みられ、従来台湾に居住していた漢族である本省人を困惑させた。これに対して国民党に伴って戦後新たに移住した漢族を外省人と呼んだ。

また、漢族と婚姻関係を積極的に結ぶような先住民もいたことは、文献などによる研究からも明らかにされている。このように、大陸から移住し定住した漢族に同化する先住民が多くいた。

では、台湾先住民とはどのような人々を指しているのであろうか。清代には蕃人、日本植民地時代に、高砂族とされた人々である。一七世紀頃、台湾島に漢民族が移民する以前から、居住していた先住民族がいた。彼らこそが、一般的に原住民（yuánzhùmín: Indigenous Taiwanese）と呼ばれている人たちである。

漢民族人口が増加した一八～一九世紀頃に、平地に居住し漢族化が進んだ先住民を平埔蕃《へいほばん》、特に漢化が進んだ先住民は熟蕃《じゅくばん》と呼んだ。他方、漢族化が進行していない先住民を生蕃《せいばん》と呼んだ。一八九五年より台湾を植民地支配した日本は、平埔蕃を平埔族、生蕃を高砂族と改めた。

戦後、民国党政府は先住民族のうち、一部を除き山地に居住する高砂族を高山

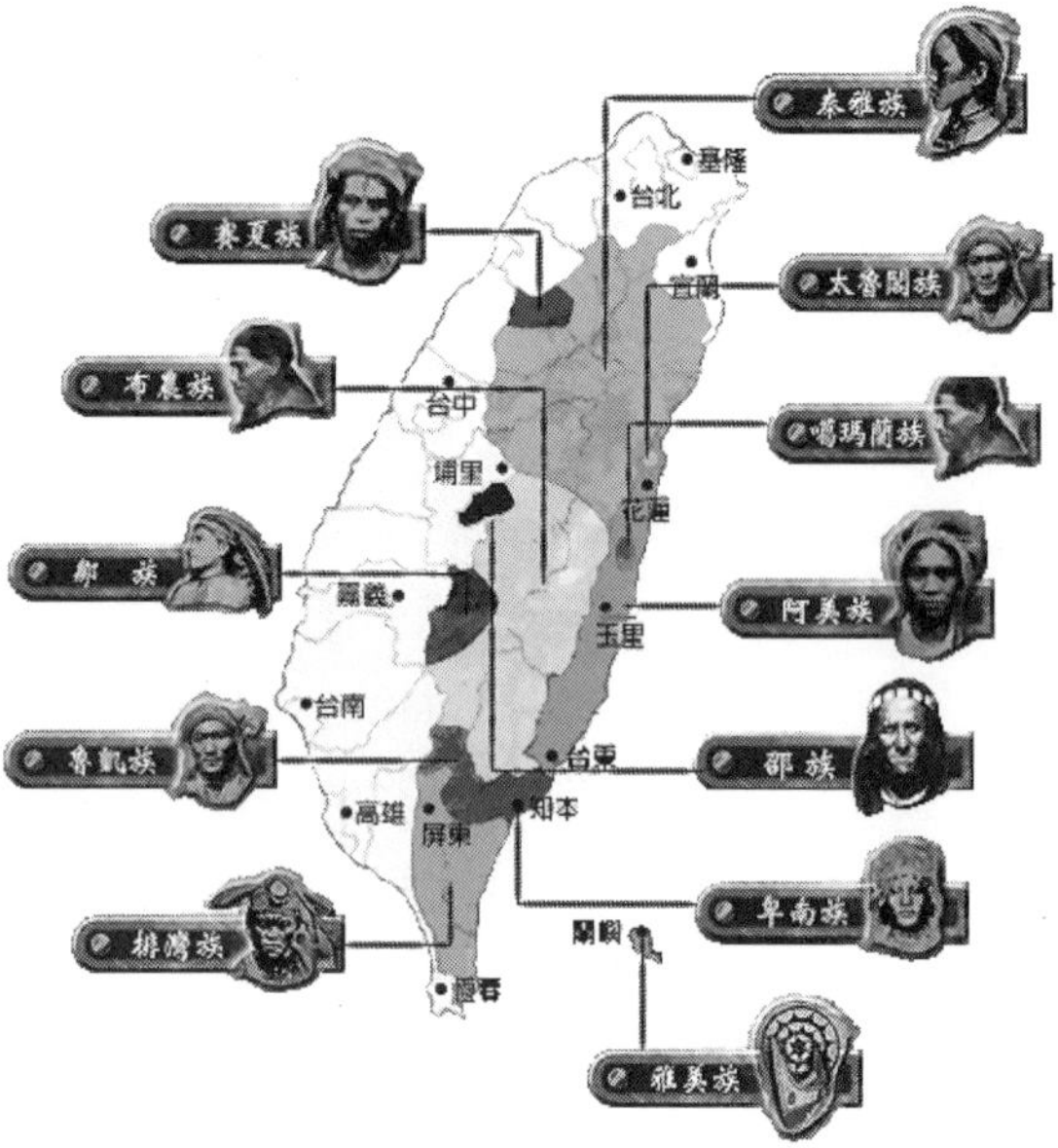

図1　台湾先住民の分布

写真1　アミ族の子どもたち（花蓮県豊浜村）

族と呼び、平埔族はそのまま使用した。九〇年代以降民主化の流れの中、高山族のサイシャット（賽夏族）、タイヤル（泰雅族）、アミ（阿美族）、ツォウ（鄒族）、ブヌン（布農族）、プユマ（卑南族）、ルカイ（魯凱族）、パイワン（排湾族）、タオ（達悟族）の九族が「台湾先住民族」として承認された（**図1**）。つまり、現代における狭義の台湾先住民とは高山族のことを指すものだと言ってもよかろう。

二〇〇一年一〇月、サオ（邵族）が一〇番目の台湾先住民族として承認され、続いて二〇〇二年一二月にクヴァラン（葛瑪蘭族）が一一番目の台湾先住民族に認定された。これらはいずれもかつて平埔族に分類されていた。二〇〇四年一月、タイヤルとみなされていた、タロコ（太魯閣族）が、二〇〇七年には、アミ族と混合されていたサキザヤ（撒奇莱雅族）が加えられた。この結果、狭義の台湾先住民とは、いわゆる高山族一一族に、サオ

台湾原住民諸語の下位分類、および人口（1995年度）

- オーストロネシア語族
  - 台湾原住民族諸語（Formosan）
    - 北部平埔族語群（Northern-Peipoic）
      - バサイ語（Basay）［消滅］
      - ケタガラン語（Ketangalan）［消滅］
    - 西北語群（Northwestern-Formosan）
      - アタヤル語群（Atayalic）［86,000］
        - アタヤル語（Atayal）
        - セデック語（Sediq）【タロコ語】
      - サイシヤット語群（Saisiyatic）
        - サイシヤット語（Saisiyat）［5,500］
        - クーロン語（Kulon）［消滅］
      - パゼッヘ語（Pazeh）［ほとんど消滅］
      - 中西部平埔語群（West-Central Pepoic）
        - ホアニャ語（Hoanya）［消滅］
        - パポラ語群（Paporaic）
          - パポラ語（Papora）［消滅］
          - バブザ語群（Babuzaic）
            - バブザ語（Babuza）［消滅］
            - タオカス語（Taokas）［消滅］
    - 南タイワン語群（Southern-Formosan）
      - ルカイ・ツォウ語群（Rukai-Tsouic）
        - ツォウ語群（Tsouic）［6,700］
          - ツォウ語（Tsou）
          - 南ツォウ語群（Southern Tsouic）
            - カナカナブ語（Kanakanabu）
            - サアロア語（Saaroa）
        - ルカイ語（Rukai）［10,000］
      - プユマ語群（Puyumic）
        - パイワン語（Paiwan）［66,000］
        - プユマ語（Puyuma）［10,000］
      - アミ語（Amis）［140,000］
      - カバラン語（Kavalan）［500？］
      - ブヌン語（Bunun）［40,000］
      - サオ語（Thao）［200？］
      - シラヤ語群（Sirayaic）［消滅］
        - シラヤ語（Siraya）
        - マカタオ語（Makatao）
        - タイボアン語（Taivoan）
  - フィリピン諸語 ―― バタン語群（Batanic） ―― ヤミ語（Yami）【タウ語】［4,000］

平埔族諸語のうち未分類のもの

- 北部平埔語群（Northern Peponic）
  - バサイ語（Basai）［消滅］
  - ケタガラン語（Ketangalan）［消滅］
- シラヤ語群（Sirayanic）
  - シラヤ語（Siraya）［消滅］
  - マカタオ語（Makatao）［消滅］
  - タイボアン語（Taivoan）［消滅］

（土田滋）

図2　台湾先住民の言語系統

とクヴァランを含めた一三部族を指すものとなったのである。台湾先住民は、二〇〇四年末で人口約四五万人、台湾の総人口約二一〇〇万人の二パーセントほどである。言語学的には、オーストロネシア語族に属する（**図2、写真1**）。

台湾の観光では、しばしば先住民がその代表として紹介される。つまり、先住民は漢族中心社会や外部社会から見たエキゾチズムの対象として見られることが多いのだ。

3　モノから眺めた制度の変化

台湾が前述したような複雑な社会であることを念頭に置いて、日本植民地時代に主眼を置き、筆者の専門である物質文化から眺めた台湾の制度の変化、ゆらぎについて自身の体験をもとに述べてみたい。

今を去ること十数年前、筆者はまだ考古学を学ぶ学生だった。この頃、初めて台湾を訪れた。故宮博物院などを見学するツアーに参加し、友人たちと台北市内を観光した。滞在中、市内で何度か不思議な光景に出合った。台湾在来の赤瓦が葺かれた家屋とは明らかに異なる、黒瓦が葺かれた古い家が目に留まった。台湾を訪れる旅行者は、このような光景をしばしば目にしたに違いない。筆者は「なぜこのような日本そっくりの民家が台湾にはあるのだろう？」という疑問を抱き日本に帰国したのであった。

帰国してから偶然、侯孝賢《ホウシャオシエン》監督ら台湾ニューシネマについての本を読んだ。そこには、台湾の日本植民地時代に、日本人が居住した家屋を「日式住居」と呼ぶとあった。また、戦後は台湾人（特に外省人）

写真2　台湾人の日式墓（高雄市）

が住んだため、彼らにとってもノスタルジックな場であるという。劇中でこの場が効果的に使用されることも紹介されていた。「そうか、戦前に日本人が住んだ日本人のための家だったのか」と初めて納得できた。同時に、日本時代に育った台湾人にとっては、日本人として日本文化の中で生きた記憶だけが思い出であり、日本語世代と呼ばれていることも知り複雑な心境になった。

数年後、台北市内以外の日式住居がどうしても見たくて、一人台湾東部の台東市に行った。市中心部には予想以上に、多くの日式住居が残っていた。日本とそっくりだが微妙に何かが異なる。どうしてだろうか。ますます気になった。

市街地周辺も歩いてみた。道に迷い、海岸沿いの墓地（台東市第一公墓）に出てしまった。現在の住まいが住居であるならば、死後の住まいは墓であると言える。墓地は、漢族の伝統的墓である亀

写真3　先住民墓のカタカナ表記（台東県太麻里郷）

甲墓かそれと類似したものがほとんどであった。しかし、その中に一定数の異なる形の墓があった。日本の墓と似た方角柱状の墓標である。ほとんど戦後に建立されたもので、埋葬されているのは台湾人らしい。後になってこのような類を「日式墓」ということを知った（**写真2**）。日式墓との出合いは、日式住居同様に筆者にとってショッキングで忘れ難いものだった。墓の形にはその社会の文化や歴史が反映されていることを学んだ気がした。

モノではないがその後に知り得たことの一つに、日本語のカタカナ表記が先住民の墓標に刻まれている事実がある。そもそも先住民が墓標を建立するようになったのは、日本植民地時代の同化政策によってである。現代の先住民墓標には、漢族ふうでなく先住民の名前の表記方法として、カタカナがしばしば用いられる（**写真3**）。戦前の日本名を漢字で記すもの、ひらがなで日本名を記す

写真4　台湾の畳屋（彰北市）

ものもある。戦後世代にも先住民名をカタカナ表記する事例も確認できる。これは日本植民地時代の日本名でも国民党時代の中国名でもなく、先住民の伝統的名前である。つまり、自分自身の本当の名前を表現する手段としての、カタカナなのである。これらは日本とは直接関係しないが、カタカナやひらがなを用いて、先住民であることを表象していると考えられる。また、パイワン族では表札にも先住民名のカタカタ表記が見られる。

日式住居を象徴するのは畳（台湾の表記は榻榻米）と黒瓦である。これらの製造元について市内を尋ねて歩いた。情報はすぐに集まった。台東市内には現在も畳屋があるというので、早速店に行った。店主は日本語世代台湾人で、戦前に日本人職人について技術を体得したという。畳屋は台湾全土で数十件はあるらしく、現在でも畳の需要があるという（**写真4**）。黒瓦は、台湾で生産され

写真5　移住地に残された地神（花蓮県吉安郷）

「日式瓦」などと呼ばれて販売されていることがわかった。日式住居が多く残る花蓮県吉安郷の日本人移民村跡には、日本人の残した地神が現在も建っていた（**写真5**）。まだ台湾各地には神社など日本時代の遺跡が多く残る。

　考古学はモノ（物質文化）を対象とし、研究する学問である。これを学んだ筆者も無意識のうちに日本のものと似て非なる点を、モノから読み取ろうとしていた。しかし、手掛かりは少なかった。それなら自分の足でと、以来毎年のように台湾に通うようになった。この間、台湾各地でさまざまな出会いがあり、台湾の研究者や一般の人たちからたくさんの埋もれかけた歴史を教えていただいた。次第に、日式のモノは形やつくり方が日本のオリジナルとは異なっていることがわかってきた。一般に日式と意識される場合もある。まったくそうでなく、無意識のうちに形だけが踏襲され、台湾では日式でなく台式と認識されているものもある。

最近は、台湾の呉念真監督が一九九四年に製作した映画「多桑／父さん」にちなんで、日本植民地時代に日本語教育を受けた台湾人の世代を多桑《とうさん》世代と呼ぶ。多桑世代は、前述の日式住居や日本語そのものにノスタルジーを感じる高齢世代である。彼らの多くは親日であるとされる。

また、哈日族《ハーリーズー》とは、日本の現代大衆文化が好きな台湾人の若者のことを指す。漫画やアニメ、ドラマといったメディアの日本発の情報に興味を抱いている。だから、台湾の街を歩いていると、どこからともなく最近の日本語のヒットソングが聞こえてくる。

以上のようにいくつか紹介した現代台湾の中で見られる「日本」文化関係のモノは、以下の三つに類別できるのではないだろうか。第一には戦前の日本人が残したモノ、これらは台湾の文化遺産や産業遺産となっている。第二に戦後台湾人によって意識的・無意識的に継承されたモノ、墓や瓦、畳などがそうである。第三には近年の哈日族ブーム関係のモノ。

これらこそが、直接的・間接的にせよ、日本と台湾との関係性から生じた制度や文化を表すモノなのである。

4　交易・交流と持続可能な制度との関係

以上のように、交易や交流といった視点からモノをとおして、日本と似ているようで異なる現代台湾社会を眺望してみた。台湾社会の特徴として挙げられるのは、日本植民地時代の負の遺産とでも言うべきモノ（台湾総督府などの建造物も含む）を、文化遺産・産業遺産として積極的に評価している点であろう。これは、台湾と同様に三六年間日本の植民地であった韓国においては、日本時代のモノに対する評価は消極的である現状と比較すると興味深い。台湾では政治的問題から、中国との差異を示すことが重要な課題である。このため、台湾にあって中国にない事象を積極的に評価する傾向にある。その一つが日本植民地時代の遺跡やモノなのである。もう一つは、先述した台湾先住民である。無論、中国にも少数民族は多くいるが、原則として台湾先住民は台湾にしか居住していない。だから、台湾にとって台湾先住民とは「台湾らしさ」や「台湾であること」を語るときに、しばしば引き合いに出される。両者は政府からの支援を受け保護政策がとられている。このことにより、文化資源・観光資源として、台湾を訪れる外国人にしばしば台湾をイメージさせることになる。同時に、台湾人にとっても台湾を語るときに、これらの資源の力を借りる場合が多いと考えられる。つまり、台湾が台湾であるため、台湾という国家を維持するために、たとえばインドネシアにおける少数民族の独立運動とは異なるようなレヴェルで文化資源や観光資源の開発がゆるやかにとり行われている。このゆるやかさが台湾における特色と言えるかもしれない。

また、モノと関係して、近年社会問題となった台湾プラスチック事件がある。概要は以下のようであった。

台湾プラスチック社が一九七五〜八九年にかけて、水銀を含んだ汚泥を投棄したことにより、周辺土壌が汚染された。この汚泥をセメントケーキと偽り、カンボジアに輸出し投棄していたことが問題となった。高雄県環境保護局の命令により、二〇〇〇年より台湾プラスチック社は、汚泥の撤去と処理作業を実施した。この事件を契機として、台湾では事業廃棄物に関する規制が強化された。結果として、ほぼすべての有害事業廃棄物ばかりか、一般廃棄物にまで輸出入が規制されるようになった。廃棄清理法第三八条によって輸出入が禁止されているのは、以下の五種類である。①人体の健康や生活に危害を及ぼしうるもの、②国内に適当な処理技術及び施設がないもの、③直接的に固形処理、埋立、焼却、海中投棄するもの、④国内で清理(処理)する方法がないもの、⑤国内の廃棄物処理を妨げるもの。しかし、このような厳格すぎる規制は、バーゼル条約や他国の廃棄物輸出入関連規則と整合せず、国際資源循環を滞らせていることが問題視された。このような国際的動向を受け、近年台湾では廃棄物をまず資源とみなす考え方を導入しつつある(村上二〇〇六)。

つまり、台湾は自国の環境を侵すようなモノ、逆に他国の環境を侵すようなモノは貿易の対象としないという制度を施行したのである。このような産業廃棄物という負のモノに対する、台湾の環境を尊重した政策は、まさに持続可能な開発を志向しているものである。こうした発想と政策は、台湾社会に特徴的なものである。その後の評価はさまざまであるが、斬新なものであったと言えよう。

このように、日本・中国と似ていてもどこか異なる場所台湾は、現在も独自の路線を歩んでいる。さまざまな文化を一度受容し、それらを維持する・変容させるという、ハイブリッドな重なりこそが台湾の特徴であり、一筋縄ではいかない国である。台湾は決して広くはないが、その魅力に一度取り付かれるとなかなかその熱は覚めやらない。本章を読まれた方も、是非一度台湾に足を運ばれることをお勧めしたい。

図版典拠

図1　行政院原住民族委員会文化園区管理局　http://www.tacp.gov.tw/INTRO/FMINTRO.HTM

図2　日本順益台湾原住民研究会編（二〇〇一）、『台湾原住民研究概覧』風響社。

写真1〜5　筆者撮影。

参考文献

伊藤潔（一九九二）、『台湾』中公新書。

小林よしのり（二〇〇〇）、『新・ゴーマニズム宣言　SPECIAL台湾論』小学館。

周婉窈著、石川豪・中西美貴訳（二〇〇七）、『図説台湾の歴史』平凡社。

日本順益台湾原住民研究会編（一九九八）、『台湾原住民研究への招待』風響社。

平野久美子（二〇〇七）、『トオサンの桜―散りゆく台湾の中の日本』小学館。

又吉盛清（一九九六）、『台湾近い昔の旅　台北編』凱風社。

村上理映（二〇〇六）、「台湾における産業廃棄物・リサイクル政策」『アジア各国における産業廃棄物・リサイクル政策情報提供事業報告書』日本貿易振興機構アジア経済研究所、四九－七四頁。

第七章　持続か変容か
――アイヌ民族をめぐる研究と教育

中村　和之

はじめに

アイヌという言葉を聞いて、多くの人たちは何を思い浮かべるのだろうか。ごく最近まで、アイヌの人たちが、今でもチセという小屋に住み、丸木船に乗って鮭を捕っていたり、弓矢で熊や鹿の狩りをするといった生活をしていると思っている人が、本当にたくさんいた。このような極端な誤解は、さすがに最近では減ったかもしれない。一方、アイヌ民族を「自然とともに生きる」民族であるとする認識は、今日では社会の通念と言ってもよいであろう。一例を挙げれば、『平成六年版 環境白書』には、「北海道のアイヌの人々は、海や川から得られる食物は神からの恵みと考え、クマやキツネなどとも共有すべきものとして、取り尽くさず他の生物の取り分を残しておくという狩猟採集習慣があったと言われている」

と記されている。同様の記述は、平成七年版、平成一〇年版の『環境白書』にも見える。近年重視されている環境教育においても、このような言説を根拠として、アイヌ民族を取り上げようとする試みがいくつか発表されている。

だが、狩猟や採集を主な生業とする人々が、食物を取り尽くしてしまったら、すぐに生活に困るようになるのは自明のことであろう。したがって、アイヌ民族だけが前記のような狩猟・採集習慣を持っていたわけではない。むしろ、狩猟・採集を生業とする人たちにおいては、広く見られる習慣なのである。東北地方のマタギと言われる人々にも、同じことが言える。だが、「自然とともに生きる」と言えば、アイヌの人たちのことが特筆され、マタギの人たちはあまり注目されない。なぜだろうか。実はそこにこそ、日本人がアイヌ民族に対して持っているイメージの問題性が潜んでおり、そのイメージを再生産しているのが教育の場だというやっかいな構造が成立しているのである。

1　知里幸恵と「自然と共生するアイヌ」をめぐる言説

その昔この広い北海道は、私たちの先祖の自由の天地でありました。天真爛漫な稚児の様に、美しい大自然に抱擁されてのんびりと楽しく生活していた彼等は、真に自然の寵児、なんという幸福な人だち《ママ》であったでしょう。

冬の陸には林野をおおう深雪を蹴って、天地を凍らす寒気を物ともせず山又山をふみ越えて熊を狩り、夏の海には涼風泳ぐみどりの波、白い鷗の歌を友に木の葉の様な小舟を浮べてひねもす魚を漁り、花咲く春は軟らかな陽の光を浴びて、永久に囀《さえ》ずる小鳥と共に歌い暮して蕗《ふき》とり蓬《よもぎ》摘み、紅葉の秋は野分に穂揃うすすきをわけて、宵まで鮭とる篝《かがり》も消え、谷間に友呼ぶ鹿の音を外に、円《まど》かな月に夢を結ぶ。嗚呼なんという楽しい生活でしょう。

この文章は、一九二三年に出版された、知里幸恵《ちりゆきえ》の『アイヌ神謡集』の序文のはじめの部分である。この文章は、夭折したアイヌ民族出身の女性が、自らの民族の過去と未来を語った文章として、広く知られている。同書の最初に挙げられたカムイユカラ「梟《ふくろう》の神の自ら歌った謡」の冒頭の一句「銀の滴《しずく》降る降る回りに、金の滴降る降る回りに。」は名訳とされ、この本の評価を高めた。絶版となり手に入りにくい時期もあったが、一九七八年に岩波文庫に収められて手に入りやすくなったこともあり、アイヌ民族を語ろうとするときに、知里幸恵と彼女の『アイヌ神謡集』が触れられないことはほとんどない。中学校の国語の教科書の教材に取り上げられたこともあり、学校教育に与える影響もまた大きい。

かつて筆者が跡づけたように、この文章は、彼女の死後さほど時間を置かないで、アイヌ民族の歴史的な事実を叙述したものと考えられるようになった。だが、知里幸恵が言うような「大自然に抱擁されてのんびりと楽しく生活」するアイヌの人々の姿は、歴史学的な論証を経て導き出された結論ではなかった。それにもかかわらず、若くして世を去ったアイヌの女性が、自らの民族の過去について述べた文章であるという理由によって、アイヌの人々の「自由の天地」が、かつては本当に実在したかのように受け取られたのである。

さて、前記の文章に続く部分を見てみよう。彼女の目は、過去から一転してこの当時のアイヌのありさまに移る。


…平和の境、それも今は昔、夢は破れて幾十年、この地は急速な変転をなし、山野は村に、村は町にと次第々々に開けてゆく。

太古ながらの自然の姿も何時の間にか影薄れて、野辺に山辺に嬉々として暮していた多くの民の行方も亦いずこ。僅かに残る私たち同族は、進みゆく世のさまにただ驚きの眼をみはるばかり。しかもその眼からは一挙一動宗教的感念に支配されていた昔の人の美しい魂の輝きは失われて、不安に充ち不平に燃え、鈍りくらんで行手も見わかず、よその御慈悲にすがらねばならぬ、あさましい姿、お亡びゆくもの……それは今の私たちの名、なんという悲しい名前を私たちは持っているのでしょう。

その昔、幸福な私たちの先祖は、自分のこの郷土が末にこうした惨めなありさまに変ろうなどとは、露ほども想像し得なかったのでありましょう。

時は絶えず流れる、世は限りなく進展してゆく。激しい競争場裡に敗残の醜をさらしている今の私たちの中からも、いつかは、二人三人でも強いものが出て来たら、進みゆく世と歩をならべる日も、やがては来ましょう。それはほんとうに私たちの切なる望み、明暮《あけくれ》祈っている事で御座います。


（後略）

実は、最初に引用した書き出しの部分は、この当時のアイヌをめぐる厳しい状況の叙述との対比で読まれるべきなのであって、かつての美しい社会が歌い上げられることによって、現在の悲惨な状況がより深く読者に受け入れられるという構造になっている。後半の部分は、当時のアイヌを取り巻く現実である。少なくとも知里幸恵は、現実だと認識していたであろう。しかし、だからといって、はじめの部分が事実であったかどうかは別の問題である。歴史史料に基づく検証なしに、この部分だけを抜き出して、あたかもアイヌ史の叙述のように扱うのは問題がある。しかも、知里幸恵の『アイヌ神謡集』と言えば、書き出しの部分が繰り返し引用され、むしろ本論とでも言うべき後半の部分はあまり知られていない。マスコミなどを通じて、かつてあったとされるアイヌ社会の「自由の天地」のイメージだけが繰り返し流され、またきちんとした検証を経ずに一人歩きしているのである。

以上のような、アイヌの「自由の天地」とともに、アイヌ民族を語るときに必ず取り上げられるのが、「自然と共生するアイヌ」という表現である。先に挙げた環境白書をはじめとして、数多くの文献に載っており、今日では常識とさえ言える。実は、細かく言えば両者は微妙に違うが、知里幸恵の言ったアイヌの「自由の天地」を根拠に、ある時期になって「自然と共生するアイヌ」という認識が成立したと言えるであろう。

さて、アイヌ民族が自然と共生している例として、よく挙げられることに、アイヌの代表的な衣服であるアットゥシという樹皮衣のつくり方がある。アットゥシをつくるには、オヒョウという木の樹皮（正しくは靭皮《じんぴ》）を利用するのだが、アイヌは樹皮を全部はぎ取らず、木を枯らさないように、少しはぎ残すというのである。

しかし、本田優子の指摘によれば、樹皮を丸はぎしていた時代や地域もあり、必ずしも樹皮をはぎ残したのではなかった。また樹皮をはぎ残す場合にも、神に感謝するという呪術的な儀礼の意味合いが強く、資源の枯渇を防ぐという目的があったとは言えないようである。本田の検討によれば、樹皮をはぎ残すことが、木が枯れないようにするためだという解釈が広まったのは、一九六〇年代から七〇年代にかけてのことで、最も早くこの考えを述べたのは、更科源蔵（一九〇四〜八五）である。更科は、北海道出身の詩人で、アイヌ文化の研究者としても有名であった。更科が、樹皮をはぎ残すのは資源の枯渇を防ぐためだという踏みこんだ解釈を発表し、それが、あたかも検証を経た事実であるかのごとくに広がっていった。

この言説がどのように定着していったかについて、具体的な例を一つあげよう。一九九三年に出版された石坂啓の『ハルコロ』というマンガがある。内容は、ハルコロというアイヌの女性の少女時代からの一代記と、彼女の息子の物語である。原作は本多勝一、監修は萱野《かやの》茂と記されている。萱野茂による解説によれば、本多勝一が『朝日新聞』に連載した記事を原作としているとのことである。本多の連載記事は、一九九三年に『アイヌ民族』として出版された。ただし、『ハルコロ』が月刊誌に掲載されたのは、一九九〇年から九一年にかけてであるから、石坂は『朝日新聞』の連載記事を原作としたのであろう。『ハルコロ』は、マンガという表現手段を実に巧みに用いて、アイヌ文化をわかりやすく解説している。アイヌ民族出身の萱野茂が監修していることもあってか、家屋や器物などの描き方も正確である。さて、『ハルコロ』では、アットゥシのための樹皮のはぎ取りは、樹木の再生のために一部分だけ行うとされている。これを見て、アイヌの人たちが資源の枯渇を防ぐために樹皮をはぎ残していたと思わない人はいないだろう。まして、これが、一人の研究者の解釈かもしれないなどとは、想像もつかないであろう。まさにイメージ先行である。こういうところに、現在のアイヌ民族に関わる言説の危うさがあるのだと言える。ちなみに、本多の『アイヌ民族』には、石坂が描いたことに対応する内容は見あたらない。

2　交易を取り口としたアイヌ史の展開

奥山亮『アイヌ衰亡史』という本がある。「衰亡史」とは、今の読者が見ればギョッとするような表題であるが、この本は、第二次世界大戦後のアイヌ史研究において代表的な業績とされ、戦後歴史学の成果を駆使して、新たな視点からのアイヌ史の構築を目指して書かれたものである。しかし、その中で奥山は「また北東アジアの袋小路にうずくまるという地理的条件は、文化の交流を緩慢にし、社会を停滞的にしていた。一見安楽に見える自然生活は、低度における安住であり、停滞における静穏なのであった」と書いている。奥山のような、当時の進歩的な歴史家にして、なぜこのような叙述になるのであろうか。

奥山が述べたようなアイヌ社会の理解は、マルクス主義的な発展段階説を前提としている。アイヌ社会に生産力の発展を見出すことができず、一方、日本社会には生産力の発展を見出すことができたとすれば、発展段階説に立つ以上、アイヌ社会は日本社会に隷属していかざるを得ない。したがって、奥山の議論はアイヌ社会の衰亡という結論に到達せざるを得ないのである。このような議論は、今日ではほぼ否定されている。しかし、それには長い時間が必要であった。その経過をごく簡単にたどってみよう。

奥山より、少し時間をさかのぼって見てみよう。アイヌ史の実証的な研究の上で、後の時代に大きな影響を及ぼしたのは、一九四二年に発表された高倉新一郎（一九〇二〜九〇）の『アイヌ政策史』である。高倉は、江戸時代の松前藩と江戸幕府の対アイヌ政策を細かく分析し、さらに明治以降の近代化の中で、日本政府の対アイヌ政策が、その意図はともかくとして、いかに悲惨な結果をアイヌの人々にもたらしたのかを、史料に基づいて淡々と語っている。このような内容の研究書が、第二次世界大戦の最中に出版できたこと自体信じられないような事実であるが、その理由は、高倉が北海道帝国大学農学部の植民学講座に籍を置いていたことと無関係ではないであろう。しかし、『アイヌ政策史』という書名が端的に示すように、高倉の業績の限界は、政策の対象としてのアイヌしか描き出せないことにあった。先に挙げた奥山の『アイヌ衰亡史』は、高倉に対する反論として書かれた側面があり、アイヌを主体とした歴史をつくることを目指したものなのであった。

一九六〇年代以降のアイヌ史研究は、奥山のようにおおむね発展段階説を前提としていたように思われる。それは、この当時の日本の歴史学界全体に言えることだったのであり、この当時の中国史研究や朝鮮史研究と同様に、アジア的停滞論からいかに脱却するかという課題を負わされていたと言える。

このような中、一九八六年七月に、北海道・東北史研究会の函館シンポジウムが開催された。貝澤正《かいざわただし》などアイヌ民族出身の報告者も参加し、日本史の中に、アイヌ史・北海道史（より広い概念で北方史という語も用いられた）をどのように位置づけていくかについて、活発な議論が展開された。それ以前には、日本史の枠組みの中にアイヌ史を位置づけようとする試みはなく、このシンポジウムは画期的な出来事であった。北海道・東北史研究会は、これ以後も市民に公開されたシンポジウムを各地で開催していったが、この時期に活発になったアイヌ民族の権利獲得の動きとも連動しており、一つの運動としての側面も持っていたように筆者は感じている。この時期の代表的な研究は、一九八七年に相次いで発表された、海保嶺夫『中世の蝦夷地』と榎森進『アイヌの歴史』である。榎森は、二〇〇七年に、前著を大幅に改訂した『アイヌ民族の歴史』を発表している。

一九九〇年代になって、アイヌ史の研究は大きく変化した。一つは、「交易」を切り口にしてアイヌ史を分析する視点が、前面に出てきたことである。もう一つは、北東アジアとの関連でアイヌ史を研究することが可能となってきたことである。この二つの動きは、実は無関係ではない。榎森進や菊池俊彦などの業績により、アイヌの北方交易・交流の研究が進むと、アイヌが北東アジア世界と密接な関係を持っていたことが明らかになっていったのである。この時期に出版された菊地勇夫『アイヌ民族と日本人――東アジアのなかの蝦夷地』や海保嶺夫『エゾの歴史――北の人々と「日本」』などは、いずれも北東アジア世界との関係を強く念頭に置いた叙述が目立つ。なお、古代史の分野においても、エミシ社会の交流に焦点を当てる研究が盛んになるという、同じような傾向が認められる。

また、上村英明『北の海の交易者たち――アイヌ民族の社会経済史』や佐々木史郎『北方から来た交易民――絹と毛皮とサンタン人』など、経済人類学・文化人類学の立場から、アイヌの交易に関する分析が発表され、交易を重視する傾向はますます加速された。特に佐々木が紹介した、ニブフ（旧称はギリヤーク）の人々がヤ（ya）という貨幣単位を用いて交易をしていたという事実は、それまでの北方先住民のイメージを完全に覆すものであり、それ以降のアイヌ史研究にも大きな影響を与えた。

このような研究の動向については、学界とは違った方面からの支持が寄せられた。それはアイヌ民族の人々からの支持であった。かなり以前のことになるが、筆者はあるアイヌ民族の男性から、次のようなことを言われたことがある。

学校で教わるアイヌの歴史には、「される」歴史しかない。だまされる、支配される、搾取されるなど、アイヌは常に和人に何かされる存在でしかない。だが、本当にそうなのだろうか？　われわれアイヌの歴史にだって、自分で何かしたことがあったはずだ。それを、具体的に明らかにしてもらいたい。そうでなければ、アイヌの子どもたちや若い人たちは、自分たちの歴史に誇りを持つことができない。

アイヌ民族の立場からすれば、たしかにそうかもしれない。このような意見から見れば、和人を含む周囲の地域の人々と対等な関係を結ぶ交易者としてのアイヌの姿は、新しい歴史像であるとともに、アイヌ民族からも支持される歴史と言える。少数者であり、しかも差別にさらされさているアイヌ民族の現状に鑑みるとき、アイヌ民族の歴史についての研究が、アイヌ民族の意見をまったく無視しては成立しないことは言うまでもないことである。

以上のような経緯から、今日のアイヌ史研究は、生産力ではなく、交易によってアイヌ社会がどのように変容を遂げたのかを明らかにしようとしている。

3　教室でのアイヌ史・アイヌ文化

北海道の学校で、アイヌ史やアイヌ文化を教えることには、一つの大きな困難がある。それは、アイヌ民族の児童・生徒と和人の児童・生徒が同じ教室でともに学んでいることを前提に、授業を進めなければならないことである。アイヌ民族は、北海道においても少数者であり、当然のことながら、小学校から大学まで、北海道にあるすべての学校の教室で、その状況は変わらない。そのような教室の中で、たとえば「シャクシャインの戦い」を教えることを想像してみれば、教室の雰囲気が重苦しくなるのは容易に理解できるであろう。搾取や支配をどう教えればよいのか。これは、簡単には解決できない問題である。一九七〇年代から九〇年代にかけて、ただ単に和人を糾弾し悪者にする授業が行われたこともあった。しかしそれは、教室にいる和人の児童・生徒にとっては、受け入れやすいものではなかった。

このような問題点は、琉球・沖縄史を沖縄県で教える場合や、台湾史を台湾で教える場合ではあり得ないであろう。アイヌ民族は、自分たちの先祖伝来の土地においても、今は少数者なのである。

そのため、多くの教師は、アイヌの歴史よりもアイヌの文化を授業で取り上げることを好む。衣食住や音楽など、アイヌ文化の授業は、教材や展開方法を工夫すれば、児童・生徒も喜んでくれる。要するに、アイヌ文化の授業は、教室で「受ける」のである。しかし、そこで教えられるアイヌ文化は、伝統的なアイヌ文化だけなのである。授業の結果として、児童・生徒には、伝統的なアイヌの生活が、アイヌ文化のすべてであるかのような誤った知識がすり込まれてしまう。そのことは、「自然と共生するアイヌ」というイメージを無批判に受容するという危険性をはらんでいる。特に筆者が危惧するのは、「環境教育」の教材にアイヌ文化を用いる際に、しばしば「自然と共生するアイヌ」の物語が、ろくに根拠も挙げられずに語られていることである。もちろん、それは環境教育に限らない。小学校の生活科・社会科の授業や、中学校の社会科、高等学校の地理歴史科・公民科の授業でも、同じような問題を持つ事例はかつてはあったし、今でもなくなってはいない。環境教育でアイヌを取り上げる場合に、その傾向が強いというだけのことである。ただ、このような問題は必ずしも教師だけの責任とは言えない。むしろ、現在のアイヌをめぐる研究・言説の問題点が、露骨に表出したものと言える。

では、最近の研究の傾向である、交易を切り口にしたアイヌの歴史は、教室では語られていないのだろうか。実は、高等学校や中学校の歴史の教科書には、このような視点が次第に取り入れられるようになっている。中学校の歴史の教材を参考にすれば、多くの教師は、千島列島やサハリン（樺太）におけるアイヌの交易について教えることになる。たとえば、モンゴル帝国や明がアムール川下流域に進出し、ヌルガンの地に拠点を置いたこと、朝貢交易を行ったことなどが、ごく簡単にではあるが取り上げられている。また、千島列島についても、かつてはロシアの南下と北方領土問題との関連でだけ扱われてきたが、ラッコの皮の交易との関係でも取り上げられるようになってきている。

かつては、津軽海峡を挟んだ、東北北部や北海道南部におけるアイヌと和人との交易に限定して教えられてきたが、そこで語られるのは、アイヌと和人との対立の歴史であり、アイヌの敗北と隷属の歴史であった。このアイヌと和人との二項対立の図式に、サハリンや千島列島の視点を加えるとどうなるのか。アイヌは交易者として相対的に自立し、和人との対立の図式も薄まることになる。おそらく、今後は交易を切り口にしたアイヌの歴史が、多く

図１　日本の北と南の交易

(『社会科 中学生の歴史 日本の歩みと世界の動き』
(初訂版) 帝国書院、2005年、71頁より転載)

の教室で語られることになるであろう。交易によるアイヌ社会の変容の過程が、アイヌ史研究の最新の成果であるのだから、それは当然のことである。

しかし、これにはまた別の問題がある。アイヌが、いつどのようにして対等な交易者から、搾取され差別される存在に転化したのかが必ずしも明確ではなく、この点がきちんと教えられていないことである。したがって、一つ間違うと、アイヌの「自由な天地」や「自然と共生するアイヌ」という物語が、和人と対等な交易者としてのアイヌという新しい物語に置き換えられただけになる恐れがある。むしろ、交易を切り口にしたアイヌ史を授業で展開した場合、方法を誤ると、現実にある差別から目をそらさせる結果に陥ってしまう危険性がある。このことを、教師は踏まえておく必要がある。

以上述べてきたように、日本の教室でアイヌを語る場合には、日本人がつくったアイヌのイメージで語られてきた。その場合、しばしば日本人にとって都合のよいイメージが、さしたる根拠もなく語られてきたように思われる。このような、研究と乖離した教育は見直されるべきなのである。しかし、残念ながらこのような意見はごく少数でしかない。

おわりにかえて

教育現場のありようをたどりながら、アイヌ史における持続と変容の相を拾ってみた。アイヌ史の歩みは複雑だが、現在のアイヌ史をめぐる状況はもっと複雑である。かつて、アイヌ民族は、自分たちの外からやってきたイメージを一方的に押しつけられてきた。それは、「自然と共生するアイヌ」という形で、今も引き継がれている。一方、アイヌを交易民とする新しいイメージは魅力的ではあるが、いくつかの重要な事実が、こぼれ落ちてしまう恐れがなきにしもあらずと言える。

たとえば、交易以外のアイヌの生業をどう評価するのか。この問題について、瀬川拓郎は、アイヌは交易品生産のために、特定の資源を徹底的に利用していたこと、アイヌの生業は狩猟・漁労に単純化できないことを指摘している。また、交易はアイヌの自立と結びつくのか。アイヌ社会に限らず、狩猟・採集民の社会は、周辺社会から必要な物資を供給されることによって維持されてきた側面がある。近代以降の狩猟・採集社会は、資本主義社会によって生かされてきたとも言えるのである。このように交易とアイヌ社会の変容の過程とを明確に位置づけるとともに、アイヌ社会の変わらざる側面にも配慮する必要がある。アイヌ社会が複雑化していく過程を、どのように理解するのかも今後の課題である。

また、教育をめぐる課題としては、アイヌについての研究状況と乖離した授業の見直しが挙げられる。すでに述べたように、アイヌについての古いイメージを、そのまま利用した授業の事例がまだ認められる。この問題の解決のためには、研究者が、アイヌ研究の成果をできるだけわかりやすく教育者に提供するように努めなければならないし、教育者も古い常識に安住せず、常に新しい知識を求めてもらわなければならない。アイヌ史の研究成果に立脚した教育、そこには人々をうっとりとさせる美しい物語はないかもしれない。しかし、真にアイヌ民族を理解しようとするならば、彼らと同じ国民として歩んでいこうとするならば、この地道な作業こそが、今後を切り開く唯一の道であると考える。

参考文献

天野哲也・臼杵勲・菊池俊彦（二〇〇六）、『北方世界の交流と変容』山川出版社。

石坂啓（一九九三）、『ハルコロ』（一）（二）潮出版社。

上村英明（一九九〇）、『北の海の交易者たち―アイヌ民族の社会経済史―』同文館。

榎森進（一九八七）、『アイヌの歴史』三省堂。

同（二〇〇七）、『アイヌ民族の歴史』風草館。

奥山亮（一九六六）、『アイヌ衰亡史』みやま書房。

海保嶺夫（一九八七）、『中世の蝦夷地』吉川弘文館。

同（一九九六）、『エゾの歴史―北の人々と「日本」』講談社
菊地勇夫（一九九四）、『アイヌ民族と日本人―東アジアのなかの蝦夷地』朝日新聞社。

佐々木史郎（一九九六）、『北方から来た交易民―絹と毛皮とサンタン人』日本放送出版協会。

瀬川拓郎（二〇〇五）、『アイヌ・エコシステムの考古学』北海道出版企画センター。

高倉新一郎（一九四二）、『アイヌ政策史』日本評論社。

北海道・東北史研究会（一九八八）、『北からの日本史』三省堂。

同（一九九〇）、『北からの日本史』第二集、三省堂。

本多勝一（一九九三）、『アイヌ民族』朝日新聞社。

本田優子（二〇〇七）、「樹皮を剥ぎ残すという言説をめぐって―更科源蔵の記録に基づく一考察―」『北海道立アイヌ民族文化研究センター研究紀要』第十三号。

第Ⅲ部　持続可能性という価値の探求

第Ⅲ部序

現在のグローバル社会は持続可能なのであろうか。持続可能でないとするならば、持続可能な社会とはいったいいかなる社会なのであろうか。どうすれば、それを実現することができるのだろうか。持続可能性の価値とは一つだけなのであろうか。多様な持続可能性の価値というのがあるのだろうか。持続可能性を実現するには技術革新だけで十分なのであろうか。どのような心のあり方を持てばよいのであろうか。

現在の地球環境問題を前にして、おそらく多くの人々はこのような問題を引き起こした近代社会の価値とはいったい何だったのか、と疑問に思っているのではないだろうか。近代社会はたしかに人々の生活を豊かにした。しかしグローバルな視点からより正確に言えば、グローバル世界に住む一部の人々の生活を物質的に豊かにした。そして、豊かになった人数以上の人々が貧しい生活を余儀なくされてしまっている。成功した事例ばかりに目を奪われていては、近代社会が本当に何をもたらしたのかはわからないのではないだろうか。そして、一部の社会あるいは人々が富むようなシステムを持つこの近代社会は、グローバルなスケールの温暖化や気候変動をも引き起こしてしまっている。その影響は現在の世代にだけではなく、IPCC（気候変動に関する政府間パネル）第四次評価報告書によれば、今後千年間は継続していく。何十世代にもわたる影響を生み出してしまっている。

おそらくほとんどの人々は何かを変えないといけないと思っているのではないだろうか。では、どうすればよいのであろうか。

第Ⅲ部は、このような問いかけに対する「心性の持続性に関する学融合的研究」グループからの研究報告である。はじめに、心性の持続性グループの目的を簡単に見てみることにしよう。

本研究グループの目的は、人間社会が何を持続させたいと思ってきたか、何が残すに価するかという問題をさまざまな表象をとおして学融合的に研究することにある。特に、古代から現代へと俯瞰する視点と共時的な学融合的課題を交差させ、文化的次元での持続可能な社会に関わる諸問題を探求する。

本研究の重要性・必要性は、今日グローバルに向き合わなくてはならない持続可能な社会の実現という緊急の問題を、諸学の枠を超えて議論し合い、過去から現代、さらに未来へと見据えて解決の糸口を探そうとすることにある。

本研究の学術的意義は、文系・理系の研究者がそれぞれの立場から持続可能性の問題を取り上げ、それらをさらに相互に学び合うという形で学融合を進め、新しい学融合の領域と社会の提言の場を模索することにある。

最初の木村武史は、持続可能性が問題となる現代を文明の移行期と捉え、そこにおいて問われてくる社会的責任や世代間倫理の問題、そして、知のあり方そのものが問われてくる状況を取り上げ論じている。

次の西俣先子は、循環型システムを先取りして実践している宮崎県綾町の事例を取り上げて、日本においてすでに実現しているサステイナビリティについて詳しく論じている。

柏木志保は、地球環境問題・持続可能性をテーマに掲げて政策提言を積極的に行っているNGOに焦点を当て、持続可能性を確立するには政府にだけ任せるのではなく、市民の目から監視をするとともに、政策提言をもしていくことの重要性を論じている。

第八章　サステイナビリティ構築に向けて
――試されている知識と富の価値

木村　武史

1　はじめに――持続可能な開発から持続可能性へ

サステイナビリティ問題は全世界の人々が共有できる問題であり、共有しなくてはならないグローバルな問題である。これがここ四年間、「千年持続学の確立」プロジェクトに携わり、学術の国際発信という課題からサステイナビリティの探求のためにさまざまな海外の人々との交流を進めてきて得た実感である。

二〇〇五年に開催された国際宗教学宗教史学世界会議東京大会のために企画したシンポジウムとパネルに参加したパキスタン、イラン、ナイジェリア、メキシコ、ドイツ、アメリカ、日本の研究者たち、本プロジェクト研究の一環として海外で開催した二つの国際会議（カイロとフィリピン）、ルーマニアのブカレスト大学から招聘した環境学と社会学の研究者とともに日本において開催した国際会議、これら一連の国際会議でサステイナビリティを共通の課題として取り上げた。また、まだ計画段階だが、国際会議の企画を検討するために訪れたメキシコや台湾でもサステイナビリティは重要な課題として認識されている。さらに、調査のために訪れたスリランカのサルボダヤ協会、タイのサティラ・ダンマサタン・センター、アラスカのクリンギット部族政府でもサステイナビリティが主要なテーマの一つになっていた。これらの海外との交流を通じて見えてきたのは、サステイナビリティ研究において日本の学術研究がグローバルに重要な役割を果たしうる可能性である。

このような全地球的な課題であるサステイナビリティ問題が出てきたのは、一九七二年のローマ・クラブによる『成長の限界』やブルントラント委員会の「持続可能な開発」といった提言の延長線上で、持続可能な開発からサステイナビリティ問題へと焦点が移行してきたことにある。その背景には地球環境問題に対する認識の変化がある。最近のＩＰＣＣの第四次報告書で明言されたように、現在目の当たりにし、しかもこれから千年続くかもしれないと言われている人為による温暖化とその影響の気候変動は予断の許さない類いのものと言ってもよい。そして、このような歴史的状況を生み出してしまった近代文明、つまり進歩と開発による社会建設という西洋発の文明観そのものが大きな曲がり角に来ている、というのがグローバルな共通の認識である。別の言い方をすれば、ヴォルフガング・ザックスのように、コロンブスのアメリカ「発見（侵略）」時以来の西洋発の世界支配が終焉を迎えつつあり、西洋型「開発」主義からの脱却を図るときが来ていると言ってもよい。そして、このような認識の広まりの中で、さまざまなレベルで持続可能性とは何であるかが取り上げられてきている。私たちは、このような大きな潮流の只中にいると言える。

このようなグローバルな流れの中、われわれは、自分たちが選択する行為が次の次の、そのまた次の世代へと影響を与え続けていくことを認識しなくてはならない世代である。未来世代に対して、どのような倫理的責任があるのか。いわゆる世代間倫理問題である。ところが、今までは世代間倫理と言うと現代世代と未来世代の関係と思われがちだったが、私たち現在世代はすでに世代間倫理の問題の只中に投げ込まれている。というのも、排出されたCO_2が大気中に溶けこみ、気温の上昇に影響を与えるには四〇年ほどかかるという意見によれば、私たちはすでに過去の人々の経済行為の結果排出されたCO_2等による温暖化の影響を目の当たりにしているからだ。つまり、四〇年前から、あるいはそれ以前から排出されてきたCO_2等による温暖化の影響をこれから負っていくのが現在世代であり、現在明らかになりつつある地球規模の気候変動の問題の解決を任されているのも現在世代でもあるからだ。

ところで、温暖化が現実となった今日では、もはや開発などと言っているわけにはいかず、持続可能な「適応」と温暖化ガス排出の「緩和」についても考えなくてはならなくなっている。たとえば、農林水産省は平成一九（二〇〇七）年六月には地球温暖化対策総合戦略を発表し、今後避けることができない地球温暖化による農林水産業への影響に対応するための地球温暖化適応策の取り組みを積極的に推進することが必要であると述べている。国土交通省も国土利用のための適応について研究を始めているし、環境省も超長期的なヴィジョンを探求している。また、さまざまな研究機関で低炭素社会のための技術開発に取り組んでいる。このように、もはや持続可能な経済開発という呑気なことを言っている余裕はなく、社会が持続可能な適応手段を漸次的に考案しなくてはならなくなっているのが現状である。

2　未来との対話

ところで、世代間倫理を含むサステイナビリティ問題について考えるために、千年持続学プロジェクトの一環として二〇〇五年に「未来との対話」原稿募集を行った。それは「未来から現在」を見るという視点について考えるためである。通常の人間の営みは過去や伝統の上にいる自分を意識し、現在の関心や利益を判断して行動を行うというものである。しかしながら、サステイナビリティ問題が私たちに突きつけているのは、気候変動の持続的な影響の下、何十年、何百年か後のグローバル社会を具体的に想像して、持続可能な地球社会をつくり上げるために現在の私たちが行うことを決めていかなくてはならないという難問である。それは観念的な問題ではなく、具体的な人間に影響を与える問題である。

このことを考えるためには、顔の見える対話が必要である。そのためには次のようなことを考えてみることができるだろう。

一〇〇年後まで生きているのは難しいかもしれないが、三〇年後、五〇年後ならば可能性はある。自分の人生の時間内のことである。では、今の生活を続けていったら、三〇年後、五〇年後はどうなっているのだろうか。温暖化がさらに進行し、気候変動の影響があらゆるところで見られるならば、われわれは三〇年後、五〇年後、自問するのではないだろうか。われわれはこの三〇年あるいは五〇年の間、いったい、何をしてきたのだろうか。「失われた五〇年」なのだろうか、と。経済の失われた一〇年は取り戻すことはできるかもしれない。だが、地球環境問題の失われた五〇年は取り戻すことはできないだろう。今から五〇年後、われわれが七〇歳代、八〇歳代になった頃には、そのときの子どもたちがわれわれに質問するのではないだろうか。「私たちが生まれてくる前の五〇年前に、あなたたちは何をやっていたのですか」と。

このような考え方はスウェーデンの環境NGOであるナチュラル・ステップのカール・ヘンリク・ロベール氏が提唱しているバックキャスティングという考え方と似ている。バックキャスティングは、過去の趨勢を基盤としてそれを延長することによって将来を予測しようとする方法であるフォアキャスティングに対比される見方である。それは、将来の持続可能な社会の姿を想定して、そこを基点として現在を振り返る、予測される破局を避けるように社会の進展を考えるという立場である。言い換えるならば、持続可能な社会を未来において実現するには、漫然と日々を過ごすのではなく、未来からの視点を常に意識している必要がある。

筆者が学んだ、未来から現在を見るという視点はバックキャスティングと似ているが、次の二点で異なっている。一点めは、未来との倫理的関係を築き上げるには対話が必要である、という点。二点めは、宗教的観点、あるいは超越論的な観点が必要である、という点である。

一点めの未来との対話には、二重の意味がある。一つは時間を超えた人間同士の倫理関係、それには異文化の人同士の倫理関係という複雑な関係が含まれている。というのも、地球温暖化とその影響はグローバルな規模で起きるからである。そして、もう一つは人間と人間以外の生物・非生物を含めた地球生命圏全体との倫理的関係である。生物多様性の問題を包摂した非生物（コモンズ）との関係と言ってもよいであろう。果たしてそのような非生物との関係を対話と呼んでよいのか、という疑問もあるだろう。しかし、そのような疑問に対しては、われわれ生命圏の重要な要素である非生物との関係はそれほど素晴らしいものなのだろうかと、反対に質問してみる必要があるだろう。

二点めの超越論的関係には、二つの意味がある。世界全体を見渡せば、宗教的価値を中心に生活を営んでいる国や人々が大多数を占めており、ユネスコの『持続可能な未来のための学習』では、サステイナビリティ問題に十分に対処するには、これらの諸宗教的価値も考慮しなくてはならないということが言われている。現代社会は一面、世俗的で近代的な価値に基づいているが、地球環境の問題を世俗的な価値の枠組み内でのみ論じたり、自国の文化価値に根づいた環境問題だけの解決方法を考えても不十分である。他の社会、異文化の人々と協力する体制を築く必要がある。その際、宗教的価値を持つ社会同士の差異をどのように考慮し、対処していくのかを十分考えなくてはいけないし、問題解決のためには宗教的教えを参考にすると有効な場面もあるのではなかろうか。

もう一点は、現在のサステイナビリティ問題に対処するには、「人間から超越的なるものへ」の視点と「超越的なるものから人間へ」の視点の両方を包摂しなくてはならないということである。というのも、サステイナビリティ問題によって人間の価値ないしは存在の意味が根源的に問われてくるからである。これからの気候変動とその影響、そして、資源の枯渇等の重大な環境問題の意義が具体化してくると、人間にとっての宗教の問題（精神性や内面性）がますます重要視されることになってくると思われる。過去から伝えられる教えの中で最も影響力が長く広範なのが宗教的教えであり、当然視されている現世的価値を相対化する根拠ともなりうる永遠からの視点を提供してくれるのも宗教的教えだからである。

このような観点から、以下、いくつかの問題を取り上げることにしよう。

3　文明移行期の世界観

現在の歴史的状況を考えてみると、私たちはきわめて特異な歴史的地点に生きていると言ってもよいかもしれない。今までは考えられなかったような科学技術を手に入れて、経済的には快適な暮らしをしていると思っている人は多いのではないだろうか。ある意味では、これ以上は物質的な享楽は得られないのではと思えるような生活を送っている。その意味では、生活を改良し豊かな暮らしをもたらすという近代の約束は一面で成就したのかもしれない。しかし、気候変動の可能性が突きつけているのは、そのような安穏とした生活は崩れてしまう可能性があるということである。少し前の話になるが、二〇〇一年のＵＮＥＰ（国連環境計画）による気候変動による最悪のシナリオについて検討した論考の最後で、大橋一彦は次のように書いている。

気候変動が加速され、世界中で飲料水、食料、そしてエネルギーを巡る紛争が多発すると、真っ先に影響を被るのは、食料の自給率が四〇パーセント程度、エネルギーの自給率が二〇パーセント以下の日本である。気候変動を防止するために、真剣に率先して活動する必要がある。

現在では温暖化の進行を前提として気候変動防止のために行動しなくてはならないと言えるが、いったい、何をどう考えたらよいのであろうか。ボストンにあるグローバル・シナリオ・グループが二〇〇二年に発行した"*Great Transition*（偉大な移行）"という報告書がある。この報告書は、現在の文明社会が行き詰まっており、文明論的な移行をしなくては持続可能な社会の構築は難しいと論じている。

この報告書が提示している、可能ないくつかのシナリオの一つに悲惨な予測が含まれている。それは、過去の人類の歴史を振り返ってみればどうしても欠くことのできない予測である。気候変動が進行していく中で、世界の総人口は増え続け、現在と同じ経済活動を続けていけば世界各地で資源の枯渇が進み、数少ない資源をめぐる争いが起こる。現在の生活を継続すれば世界各地の生物多様性は減少し、人間が生存可能な空間・場所そのものも限られてくるかもしれない。そのような状況に陥った人類はどのような行動をとる可能性があるのだろうか。人類の歴史を見れば、戦争の歴史でもあったと言っても過言ではない。戦争の可能性は排除できないというのが、人間にとっての事実であろう。

同時に、この報告書には共存可能なグローバル社会への移行の可能性を示唆するシナリオも含まれている。われわれは地球全体のグローバル社会の行く末の可能性を提示され、それを選択するように迫られている。そのような意味で、われわれにはきわめて重要な歴史的役割が与えられている。別の言い方をするならば、人類が今までに蓄積してきた過去からの知恵・知識・経験が試されていると言ってもよい。

だが、問題は単純ではない。理性と感情の両方を適切に包摂しなくてはならない。まず、科学的に検証された見解や意見等に基づいた議論がなされなくてはならない。しかし理性に基づいているはずの現代社会において、皮肉なことに科学的かつ理性的な言説が必ずしも社会一般に受け入れられているわけではない。科学のコミュニティーから一歩足を踏み出せば、科学的知見はそのまま社会的通念となるわけではない。科学は知識の増大を目的としているのであって、社会を変えるためのものではない。科学者の社会的責任ということが言われるようになっているが、それでもなお科学と社会との間にはギャップがある。社会は理性だけで動いているのではない。

そして、温暖化対策や世代間倫理の問題には常に感情を伴う。なぜなら、人々の利益・不利益、快・不快、幸・不幸、苦楽が俎上に載せられてくるからである。豊かさの尺度は相対的であるかもしれないが、多くの場合、すでに享受している利益、心地よさ、楽しみ等が失われると思うと、人々は反発する。同様に、いまだ持たざる人々はもっと欲する。文化多様性の時代と言いながら、近代化がもたらした恩恵をやすやすと放棄することはできないし、それに憧れる人々はまだ全世界に大勢いる。このような感情的側面を無視して、サステイナビリティ問題は十分に論じることはできない。

そして、その上で文明論的な移行を進めていかなくてはならない。このような重責を現代世代は負えるのだろうか。

4　責任はどこまで?

さて、このように文明の移行期とされる現在、サステイナビリティ問題は社会のすべてのアクターが関わってくる問題であると言える。NPOやNGOをとおして活動している人々もいるし、研究をとおして発言をしている人々もいる。

そして、ここ数年、企業の中にはCSR部門をつくって持続可能な「開発」について意識的に取り組み始めたところもある。持続可能な開発が経済行為に関わっているのだから当然であるし、企業の経済活動が環境に与える影響を考えれば当然であろう。

いくつかのホームページを見てみると、それぞれの会社の独自の取り組みもわかる。たとえば、ソニーは「五つの環境指標」を掲げ、温室効果ガス指標、資源投入指標、資源排出指標、水指標、化学物質指標の五項目に取り組むと述べている。このように自らの企業活動に関わる観点について積極的に取り組もうという機運が出てきているのは大きな変化だと思われる。だが、いくつかの企業のCSRを見てみると、自分の会社が「持続可能」であるために、という意味で持続可能性という言葉を使っている場合を散見する。それは間違いとは言えないが、サステイナビリティ問題の本質を捉え違えているのではと思ってしまう。

また、二〇〇四年には日本経団連は日本におけるCSRは官主導ではなく、民間の自主的な取り組みによって進められるべきであると主張している。たしかにこのような民間企業の自主的な取り組みは重要であるが、大きな問題点もある。まず、今までの日本の企業の歴史を見れば、各民間企業の自主的な取り組みというものの規範が不明確であり、不十分である。政府による規制のないところでは自らの社会行動を律する価値が成熟しているとは思われない。また、自らの会社の管轄下の活動のみを対象とすることによって見落としてしまうところが多々ある。特に資源輸入国である日本の企業は、谷口正次が述べているように、海外における原料供給のための資源開発についても注意を十分に払わないといけない。また、市民社会意識を前提とする長い歴史を持つ欧米の企業の立場を念頭に、日本でも同様に民間企業の自主性に任せるべきだという主張には、若干問題がある。公共空間に宗教的言説や価値が浸透し、企業活動に目を光らせる市民活動家が多くおり、市民社会の一員であるという意識を持っている一部の企業人と同列に考えるのはまだ早いのではないだろうか。稲盛和夫のように、仏教という超越の視点から企業活動について語れる人はまだ少数であろう。

さらにCSRに関しても欧米の企業が先行していた。日本のCSRも、日本の社会風土の中から自主的に生まれてきたものではない、という事実から目をそらすことはできない。このあたりが日本企業のCSRの弱さであると思われる。それゆえ、企業の取り組みは市民社会の監視の下でなされるという制約がない限りは企業の自主性に任せるということはまだ無理であろう。しばしば企業は市民を消費者に「還元」し、消費者が企業商品の善し悪しを判断するということを言うが、このような言い訳そのものが問題である。社会は企業活動のためにあるのではない。そして、サステイナビリティの観点からは、文明の移行を推進するような企業活動でなければこれからは意味がないであろう。

文明の移行という観点から、企業活動とメディアの関係に関わる別の問題を取り上げてみよう。温暖化抑制の観点からすれば、自動車はもうこれ以上つくらないほうがよいのではと思われるが、日本のある自動車会社は世界での年間自動車販売数がまもなく世界一になるとか、年間利益が今までの日本の会社の中で最高額だとか言われ、一般メディアで賞賛されることはあっても、販売され、使用される自動車から継続的にCO_2が排出され続けていくという問題については触れられることはない。

同様に、気候変動の問題を温暖化とその抑制という面にだけ特化して考え、火力発電や風力発電よりも原子力発電のほうが、もっと有効であるという主張が大きくなされている。もし、そのような主張が公的になされるならば、同時に、核廃棄物をどこに安全に長期に貯蔵するのか、という政治地理学的な問題、そして完全な技術などはない、ということも言及されるべきであるが、まだ、そのような公共上のコミュニケーションに関する規範的価値はつくられていない。一般メディアはまだ十分に文明移行期にふさわしい公共言語・言説を構築していないのではないだろうか。

気候変動とサステイナビリティという超長期的な難問を前にして、工学分野・産業界ではエコ技術の開発にしのぎを削っている。技術革新は必要であり、必ず果たさなくてはならないが、全地球的な視点から言えば、技術革新で気候変動の問題が解決できると安易には考えないほうがよいのではないだろうか。まず、何よりも技術で解決できるというのは、まだ実証もされていない仮説以前の一つの意見にしかすぎない。科学・技術について語っているからといって、それは科学的な見解であるとは限らないからである。

さらに、技術的に解決できる問題とそうでない問題があることを見極める必要がある。CO_2の排出量を減らす技術はあるだろう。だが、すでに解け始めているチョモランマの氷河がつくり出している氷河湖が決壊して起きるであろう土砂災害や洪水の被害を食い止める技術はできるのだろうか。同様に氷河が後退し、水不足に陥ったときに起きる水をめぐる紛争を技術は止めることはできるのだろうか。またないし、これからもつくられないだろう。また、温暖化によって南極の氷やグリーンランドの氷が解けても、氷を元に戻す技術は作れないだろう。海面を押さえる技術はまだないだろうし、そのような技術が開発されることもないのではないか。海の温度が上昇し、海洋資源が枯渇し、海の生態系が崩れてしまっても、それを元に戻す技術は開発されることはない。気温の変化のスピードに植物・動物が適応できずに生態系が乱れ、生物多様性が危機にさらされている。サイモン・レヴィンが言うように、絶滅した生物種を復元する技術はないし、これからも開発はされないだろう。遺伝子バンクはどのような役に立つのだろうか。急速な気候変動に適応できないで絶滅する植物などを大規模に復元する技術はできないのではないだろうか。できたとしても時間がかかるのではないだろうか。最近、農水省が気候変動に適応できるような新しい品種の開発についての指針づくりを始めているが、それは有効性が実証されたものではない。いずれにしても、今までは想定外であったと言えば責任を逃れられるかのように思われているが、サステイナビリティ構築に関わる世代間倫理では、技術革新による解決の限界を見極めておく必要がある。

5　試されている知識、そして賢明さ？

学問の進歩によって、私たちは多くの知識を獲得している。そして、気候変動が試しているのは、実は私たちが蓄積してきた知識は果たして意味あるものだったのか、ということでもある。また、私たちが富と言われている価値を有効に人間的に使う知恵を獲得してきているのか、ということでもある。知識と富の意味についての再検討ということについて、もう少し述べてみよう。

近代資本主義社会、そしてグローバル経済の進展のために多くの富を蓄積している国、会社、個人がある。今までならば、世界富豪何番めだとか、資産何億ドルとかいう指標に意味があり、豪邸に住み、贅沢な生活ができることが憧れであり、文明社会の目標であるかのように思われてきた。ところが、温暖化と気候変動の影響を前にして、未来からの視点と超越論的な視点からすれば、富を持つというだけでは無意味であることが明らかになってきている。富と技術を持っている少数の者は一時的には気候変動の影響をしのげるかもしれないが、それもどれほど持続可能かはわからない。サステイナビリティ問題が問いかけているのは、むしろそのように蓄積された知識や富をどのように使うのか、人類が培ってきた経験と知恵が試練に晒されているといってもよいだろう。現在、人類社会が蓄積している富の何割かを温暖化対策に用い、四〇年後あるいは一〇〇年後の人類から四〇年前（ないしは一〇〇年前）の人類はとても賢明な富の使い方をしたと評価されるか、知識と富も持っていたが賢明に使うことを知らなかった愚か者だった、という評価をされるのだろうか。

このような試練に耐え、後世から二一世紀前半の人類は賢かったと評価されなくてはならないであろう。私たちは人類の歴史から賢明さについても学んでいる。超越性・永遠性を前にした謙遜な知恵というものも知っているはずであり、そこに未来への希望はあるのではないだろうか。

参考文献

大橋一彦（二〇〇四）、「加速する気候変動と欧米の水素化社会への移行戦略」『地球環境研究センターニュース』vol. 15 no. 4, 一七一頁。

サステナビリティの科学的基礎に関する調査プロジェクト事務局編（二〇〇五）、『サステナビリティの科学的基礎に関する調査報告書』。

ヴォルフガング・ザックス著、川村久美子・村井章子訳（二〇〇三）、『地球文明の未来学─脱開発へのシナリオと私たちの実践』新評論。

谷口政次（二〇〇五）、『入門・資源危機』新評論。

中尾正義編（二〇〇七）、『ヒマラヤと地球温暖化─消えゆく氷河』昭和堂。

サイモン・レヴィン著、重定南奈子・高須夫悟訳（二〇〇三）、『持続不可能性─環境保全のための複雑系理論入門』文一総合出版（原題は、Fragile Dominion（壊れやすい支配）である）。

Kimura, Takeshi, ed. (2007), The Proceedings for the International Cairo Conference on Cultural Values and Sustainability for the Future-Dialogue between Egypt and Japan, December 2005.

Kimura, Takeshi, and Bauzon, Leslie E., eds. (2007), The Proceedings for the International Surigao Conference on Cultural Values and Sustainability-Dialogue between Philippines and Japan, August 2006 (The Area Studies Occasional Paper Series no. 4, March 2007).

Raskin, Paul, *et al.* (2002), *Great Transition: The Promise and Lure of the Times Ahead*, Boston: The Stockholm Environment Institute.

第九章　「結い」の心が地域を生かす

――循環型社会探求の試み

西俣　先子

1　「循環型社会」の現状

二〇〇四年に環境分野で初のノーベル平和賞を受賞したワンガリ・マータイ女史が、「MOTTAINAI（もったいない）」、とさまざまなメディアを通じてアピールするのを見かけた人は多いだろう。マータイ女史が感銘を受けた、自然に対する畏敬の念やものを大切にするといった「もったいない」の精神は、日本人の消費生活を見ると、忘れ去られているように見受けられる。

実際、世界における日本の人口は約二パーセントであるのに対して、世界で供給されている一次エネルギーのうち、日本への供給は約五・五パーセントを占めている（環境省総合環境政策局 二〇〇七）。日本は非常に少ない人口で、多くの資源を消費している国であると言える。さらに、『循環型社会白書（平成一七年版）』によると、日本の総物質投入量は、二〇〇二年度で二〇・七億トンにのぼっており、この大量消費に伴って、五・八億トンの廃棄物等が排出されている。まさしく、「もったいない」とは対極にある大量生産、大量消費、大量廃棄の社会経済活動の下で、われわれは物質的な豊かさを享受しているのである。

これだけ大量の消費と廃棄が行われていれば、国土の狭い日本では、当然廃棄物処理の問題が生じることになる。

歴史的に見れば、日本で廃棄物の排出量が急激な増加を見せたのは、高度経済成長の時期である。この頃から、廃棄物の処理方法として焼却処理がより重視されるようになった。一九九〇年代になると、相変わらず大量に排出される廃棄物や最終処分場確保の困難などを背景として、廃棄物処理の方向性に変化が見られるようになった。最も大きな変化は、一九九一年に大幅に改正された廃棄物処理法において、廃棄物の排出抑制や再生利用の推進が盛り込まれた点である。その後、二〇〇〇年に制定された循環型社会形成推進基本法をはじめとして、家電リサイクル法など次々と「循環型社会」の形成に関連する法律が整備された。

「循環型社会」の形成によって、これまでの大量生産・大量消費・大量廃棄型の社会経済構造の抜本的な改革が期待されており、「循環型社会」は、「持続可能な発展」*を実現するための布石としても位置づけられている。「循環型社会」の形成は、こうした新たな価値観に基づく社会づくりのための政策として推進されている側面がある。しかし、他方で、前述のように、処分場の逼迫などの廃棄物問題の深刻化という現状の下で求められてきた側面もある。そのためか、現状の「循環型社会」形成のための政策の主軸は、資源利用と廃棄物の適切な管理・処理であり、いわば、リサイクル・ベースの廃棄物処理システムの形成を目指す内容となっている**。

＊環境基本法は、「持続的発展が可能な社会」、環境基本計画では「持続可能な社会」という言葉を使っているが、本章では「持続可能な発展」と同様に捉える。

＊＊環境省は、「循環型社会」に関する廃棄物やリサイクル関連以外の政策も行っているが、予算規模が小さく、十分な政策を実施しているとは言い難い。

2　循環システムとしての事例の位置づけと本章のねらい

政府の「循環型社会」構築のための政策が、廃棄物処理や単なるリサイクル政策から抜け出せない状況にある中で、地域の産業や資源などの特性を生かした循環システム*の形成を実現し、循環型社会の礎を築いている自治体が現れている。

＊本章で言う循環システムとは、単なる資源の循環ではなく、広義の循環システム、つまり、資源の循環過程を考慮しつつ、地域的特性にも適合した総合的な資源循環のシステムを指す。

この章では、そうした自治体による循環型社会探求の試みの事例として、宮崎県綾町の有機系廃棄物の循環の取り組みを取り上げる。綾町では、家庭から排出されたし尿の液肥化と生ごみの堆肥化による資源循環によって循環システムが形成されている。

廃棄物は、大きく分けて、企業に処理義務がある産業廃棄物と自治体に処理義務がある一般廃棄物に分類される。綾町の事例は、自治体が行っている資源循環であるため、取り扱う廃棄物は、一般廃棄物(家庭系ごみと＋事業系ごみ)の中の有機系廃棄物(生ごみ)となる。

『循環型社会白書(平成一五年版)』によると、一般廃棄物のうち、生ごみは重量比で三四・二パーセントを占めており、素材別では最も多く、その後に紙類、容器包装廃棄物が続く。しかし、量的な多さに対して、生ごみ等の食品廃棄物の減量化や再生利用は、特に家庭系においてさほど進んでいない。二〇〇二年度では、排出量のうち約九八・二パーセントが焼却・埋め立て処分されており、再生利用されたのはわずか約一・八パーセントであった。こうした現状から見て、家庭系から排出される生ごみの再生利用を維持継続させている綾町の取り組みは、いかにして可能となっているのかという点が注目される。

また、綾町の取り組みは、国が「循環型社会」の形成に取り組む以前から、先駆的に地域の循環システムの形成に取り組んだ事例である。いかにして循環システムの形成の必要性に気づき、先駆的に取り組み得たのかは事例において注目したい点である。

綾町のような地域からの実践とその内容の分析は、政府の中央集権的なアプローチによる政策に対して変革の手がかりを与えるという意味において、きわめて重要である。一つの事例を掘り下げることで、読者の皆様のそれぞれのサステイナビリティを考える上での材料を提供できれば幸いである。
次に、綾町の循環システムの事例の中身について見ていきたい。

3　宮崎県綾町の循環システム形成の歴史的経緯

綾町は宮崎県のほぼ中央部に位置し、総面積九五・二一平方キロメートル、人口約七六〇〇人の照葉樹林の広がる自然豊かなまちである(総面積の約八〇パーセントが林野)。二〇〇〇年の国勢調査によると、就業人口は第一次産業就業者数が全体の二五パーセントとなっており、その割合は全国的に見ても、宮崎県と比較しても非常に高い。

観光と農業を基軸として発展してきたまちで、特に基幹産業の農業、中でも綾町独自の自然の摂理を尊重した自然生態系農業(有機農業)に力を入れている。

現在の綾町は、日本一の照葉樹林とそれからもたらされる美しい水や風景といった地域資源によって観光客を呼び、自然生態系農業によるまちおこしを実現している(**写真1**)。しかし、以前は「夜逃げの町」と呼ばれたほど貧しいまちであった。

戦後、綾町は、豊富な森林資源を生かし、林業を基幹産業として栄えていた。しかし、一九六〇年代頃になると、林業の衰退や労働力を吸収していた綾川総合開発事業の終了などによって、就労の場が次々と失われていった。住民の中にはまちを捨てて出ていく者も多く、若い労働者は都市部へと流出してい

写真１　綾北川沿いの風景、川で釣れる黄金の鮎も魅力（2006年撮影）

た。この頃の綾町の農業はと言うと、当時の町長の郷田實氏が「耕地面積が九パーセントと少ないうえ土地がやせていて、米も野菜も収穫量はよその半分以下。農家は何とか自給自足できても、商工業者や勤労者のぶんまでまかなえない。野菜類はよそから買っていました」（郷田 一九九八）と指摘する状況であった。

まちの転換点は、一九六〇年代後半の国有林の交換計画の浮上と、これに対する住民の対応にあった。計画は、旧財閥系企業の禿山と照葉樹林が覆う国有林の立ち木をパルプ材のために交換するという内容だった。町議会は、照葉樹林を伐採した後に植林作業を請け負えばまちが潤うとして、計画を歓迎していた。しかし、これに反対する者があった。当時、町長に就任したばかりの前出の郷田氏であった。反対は、伐採や植林終了後のまちの将来を見通すと何も残らないことなどを考慮した上の結論であった。郷田氏は、反対署名集めに奔走し、全住民の七五パーセントの賛同を得て、これを議会に報告した。結果、議会は反対を決議した。実際は、まちが反対しようとも、国は計画を強行できる。しかし、これがきっかけとなって、まちや町民を挙げた国有林の交換反対運動が展開され、最終的には計画が白紙撤回になることで照葉樹林が守られた。このとき、照葉樹林が伐採されていたら、現在の観光と自然生態系農業によるまちおこしも実現されなかったであろう。

この一件を契機として、自治体の政策は、林業に極度に依存していた状況から農業や照葉樹林を生かした観光や伝統工芸の振興に転換された。一九八二年には照葉樹林が国定公園となり、観光資源の役割を果たしている。

農業に関する取り組みとしては、一九六七年から自然生態系農業への一歩となる一坪菜園運動が開始された。さらに、有機質の堆肥の使用、除草剤に頼らない土づくりを条件とした農産物の価格補償制度の実施、土壌検査などを行う有機農業開発センターの設置、し尿の液肥化施設や生ごみの堆肥化施設の設置など、多種多様な自然生態系農業の基盤整備が進められた。自然生態系農業のための基盤整備が、同時に有機系廃棄物の循環のための施設整備となっていったのである。

4　宮崎県綾町の循環システムの概要

まちが初めて有機系廃棄物の循環利用のために設置した大規模な施設は、自給肥料供給施設（一九七八）

である。これは家庭等から集めたし尿を液状発酵させて液肥をつくる施設である（現在は新施設が稼動）。以前、排出されたし尿は、処理場に運んで海洋投棄されていた。しかし、液肥化するようになってからは、自然生態系農業のための土づくりと同時に、結果的には廃棄物の削減や環境負荷の低減が実現されることになった（**図1**）。

液肥は、町内のし尿を材料として約四〇日かけてつくられる。生産した液肥は、農家が必要なときに役場に連絡すれば、トラックが指定した農家の畑に無料で散布するシステムになっている。筆者の調査中にも、液肥を積んだトラックが頻繁に液肥工場と畑を行き来しており、農家が日常的に液肥を利用している様子が見て取れた。

続いて一九八七年には、一般家庭から排出される生ごみを堆肥化する生活雑廃コンポスト製造装置が設置された（現在は新施設が稼動）。綾町では、このような町営の大規模堆肥化施設が整備される以前から、小規模では生ごみを収集処理し、飼料として活用していた。しかし、まちの農

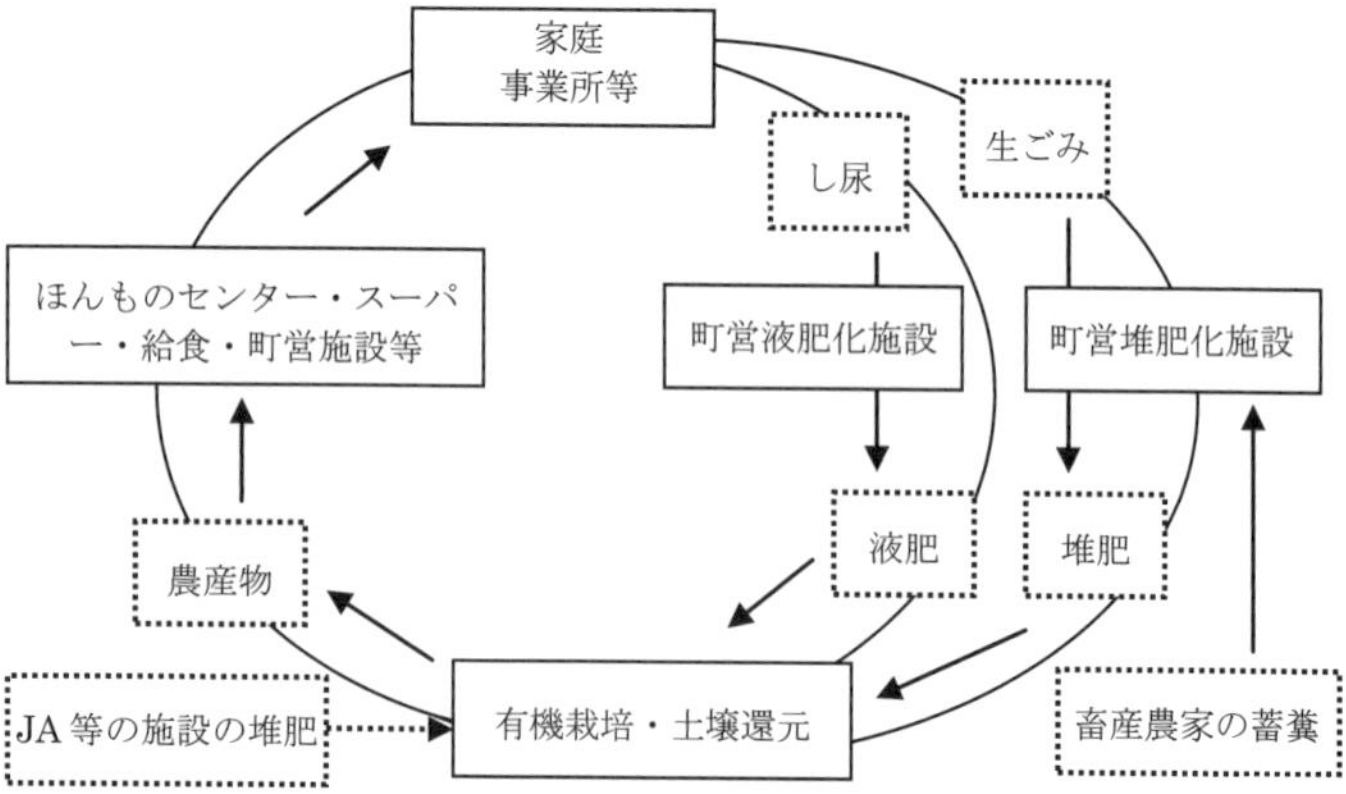

図1　綾町の有機系廃棄物の循環システム

業政策が自然生態系農業に転換する中で、有機肥料の供給が必要になったこともあって、まちぐるみで大規模な生ごみの堆肥化が開始されるようになった。

生ごみの堆肥化は、まず、各家庭の生ごみが巡回する収集車に直接投入されるところから始まる。収集された生ごみは、事業所からの生ごみや畜糞とともに処理され、年間で二九六トンの堆肥に生まれ変わる（二〇〇三年度）。生産された堆肥は、農業や家庭菜園などに利用されており、ニーズに応じて、バラか袋詰めで購入できる。

液肥化・堆肥化ともに、取り組みの初期段階では、さまざまな問題が生じた。たとえば堆肥化では、生ごみへの異物の混入が問題となり、液肥化では、し尿にトイレ掃除用洗剤が混入するという問題があった。しかし、これらの問題のうち生ごみについては、町職員による熱心な指導や、住民による自発的な公民館単位での分別指導が行われることで短期間に改善された。また、異物の混入と土づくりに対する悪影響の因果関係が住民に理解されるようになったことも改善の大きな要因である。こうして、住民の資源循環に対する理解が進み、農家による液肥と堆肥の利用も広がる中で、次第に資源利用の環が形成されていった。

綾町では、従来、環境負荷を増大させていたはずの廃棄物が、住民の協力と地域の農業形態を替えることで資源としての利用価値を獲得している。資源の再循環を支える綾町の農産物供給基盤は、まちの六〇一戸の農家であり、そのうち、六七パーセントが無農薬、無化学肥料を目指す自然生態系農業に取り組んでいる。農家は、資源循環を支えているが、液肥や堆肥が農家にとって生産手段としての役割を果たすことで、また支えられてもいる。こうして、自然生態系農業の振興という産業政策と資源循環政策が有機的に結びついて循環システムが成り立っているのである。

さらに、自然生態系農業で生産された農産物の域内流通という意味での循環のパイプづくりが行われている。たとえば、スーパー以外の域内の農産物の流通施設として、「手づくりほんものセンター」が設置されている。ここでは、露地野菜のみで年間に約一億七六八九万円を売り上げている(二〇〇四年度)。ほかにも学校給食、町営の宿泊施設、まちの飲食店などで農産物が消費されている。こうして、食卓に農産物がのぼることで、有機系廃棄物は一巡することになる。

次に、綾町の事例の先駆性について、日本の農業政策の変遷と綾町の農業政策との関係から見ていきたい。

5　綾町と日本の農業政策の変遷

日本の農政では、一九六一年の農業基本法の施行以降、農業の生産性の向上と経営の合理化が目指された。そして、主産地形成・選択的拡大、化学肥料や農薬の使用拡大による農業の工業化が推進される状況が生まれた。他方で、農業の現場では、特定の品種や作物生産に特化することによる連作障害や、化学肥料による土壌の劣化などの深刻な問題が表面化していた。

こうした弊害を生んだ農薬や化学肥料の使用の拡大は、単に農政のみでなく、食卓や流通からの要請でもあった。高度経済成長によって生活が豊かになるに従い、食生活の洋風化など食パターンが変化したことは、輸入農産物の需要を増大させた。また、消費者や流通において、季節に制限されない供給、形や大きさの均一化といった工業製品と同様の条件が農作物に要求されるようにもなった。そうした要求や輸入農産物との競争を勝ち抜くために、農業にとって化学肥料・農薬は不可欠となっていった。

綾町では、農業基本法の施行から数年後に無農薬の自給野菜づくりを中心とした地域の食と農を問い直す試みとして、一坪菜園運動が開始された。その後、自然生態系農業の振興政策が次々と本格的に展開された。こうした施策の根底にある化学肥料依存型の農業からの離脱や自給という考え方は、当時の農政の基本的な方向性と明らかに相反していた。

農政に対する綾町の批判的立場は、一九八八年に制定された綾町自然生態系農業の推進に関する条例に示されている。以下は条例の前文である。

　土と農の相関関係の原点を見つめ、従来すすめてきた自然生態系の理念を忘れ近代化、合理化の名のもとにすすめられた省力的な農業の拡大に反省を加え、「化学肥料、農薬などの合成化学物質の利用を排除すること」「本来機能すべき土などの自然生態系をとりもどすこと」「食の安全と、健康保持、遺伝毒性を除去する農法を推進すること」を改めて確認し、消費者に信頼され愛される綾町農業を確立し、本町農業の安定的発展を期するため、本条例を制定する。

綾町の農業政策は、全国画一的な農業政策に対する、地域独自の対案の提示であったと言えるだろう。現在では、農業政策は変化を見せている。一九九九年に成立した食料・農業・農村基本法には、農業の自然循環機能の維持増進、地域の特性や環境と調和した生産基盤の整備、環境の保全や文化の継承などの農業の多面的機能の発揮といった新たな考え方が盛り込まれている。また、二〇〇六年には、有機農業推進法が制定された。このように、綾町の事例は、初期の時点では、旧農業基本法に基づく国の農業政策に相反する取り組みであったが、結果的には、新しい農業基本法や農業政策において肯定されることになった。

綾町では、非常に早い段階で農業の工業化を冷静に見つめ、国の政策に先駆けて自然の物質循環を考慮したサステイナブルな農業のための政策が追求された。このような農業政策に対する先見の明が、結果的に国の「循環型社会」の政策などがない段階での綾町の循環システムの形成につながったのである。

6　住民の循環システムに対する理解

次に、住民の協力という意味での循環システムの維持継続は、いかにして可能となっているのかについて、食と農への接続という視点から見ることにしたい。

すでに述べたように、現在では綾町の取り組みが肯定される環境が整いつつある。しかし、いまだに化学肥料と農薬の多投によって、作物の栄養摂取過程における自然の物質循環過程が分断されている状況が多くの農地で続いている。その上、国内農業は産業として衰退の傾向にあり、農産物の輸入依存、農村の高齢化や過疎化は、農業をさらなる危機的状況に追い込んでいる。

こうした状況は、大地や自然と人々の結びつきを希薄化させ、外食産業や中食市場の拡大による食の外部化などは、食（地域の農産物や食文化）を通じて地域の農とのつながりを確認する機会を減少させている。多くの日本人にとって、食や農のあり方を考えるのは、ＢＳＥ（牛海綿状脳症）や遺伝子組み換え食品などの問題がメディアに取り上げられたときくらいになってしまった。それに対して、綾町の事例では、自然生態系農業と資源循環によって地域の食と農、人が接続していると言える。

まちが選択した自然生態系農業やし尿の液肥化、生ごみの堆肥化といった資源循環の方法は、地域の農家や住民を食と農の循環システムに組み込むことで初めて成り立つ。農家や住民は、資源循環の一部を担う中で、地域の食や農との接続を日常的に意識するようになる。たとえば住民は、自分の排出した廃棄物が堆肥や液肥になり、農産物として自分に戻ってくることを日常的に体験する。そのことが地域住民の地域の食や農（自然生態系農業）に対する関心や理解を深め、地域の食や農を支える循環システムに対する継続的な住民の合意や協力を生み出していると考えられる。

実際に、綾町住民を対象として生ごみの分別（資源循環）に協力している理由についてインタビューやアンケートを行ったところ、有機農産物として循環して自分のところに戻ってくるからであると答えた人が多かった。

7　循環システムの形成と自治政策

循環システムは、ごみの分別をとってみても、幅広い住民の合意とこれに基づく参加が求められる取り組みである。綾町では、循環システムの構築とその維持に対する地域住民の合意に基づく積極的な参加を生み出す「結い」が大きな役割を果たしている。「結い」は綾町で昔から使われてきた相互扶助や協働の精神を象徴的に表す言葉である。

綾町の事例で興味深いのは、地域を活性化させ、循環システムを含めた地域のあらゆる政策に対して地域住民の積極的な参加を促すために、「結い」を強める目的の自治政策である自治公民館運動（一九六五〜）が行われたことである。

具体的には、行政の最小単位である区長制を廃止し、各自治公民館が地域の振興と住民の福祉向上に専念することになった。行政伝達などのそれまで行ってきた行政の手足となる業務が廃止され、二二の各自治公民館において、それぞれの地区の特色を生かした事業を住民が考え、住民の資金（一部まちが支援）で運営する住民の手による住民のための自治活動が行われるようになった。

筆者が二〇〇四年に実施した「結い」に関連したアンケート調査では、全国と比較して綾町の付き合い・交流、社会参加の程度が非常に高いという結果が得られた。これは、綾町の自治政策の成果と言えるのではないだろうか。

綾町では、自治公民館を通じてまちの政策に対する合意形成が行われており、循環システムの構築に対する合意形成もまた、自治公民館を通じて行われた。先に述べたように、自治政策は、循環システムの政策のみを対象とした政策ではないが、他の政策と同様に、循環システムの構築にも十分な政策効果を発揮した。

さらに、構築された循環システムの維持継続にも自治政策の効果が発揮されている。

堆肥化がスムーズに行われ、継続的な資源循環を可能にするためには、分別や堆肥の使用といった域内住民の合意に基づいた参加が不可欠である。綾町では、生ごみの分別が徹底されており、そうであるからこそ農地で利用可能な堆肥の生産が可能となっている。

これまでに生ごみの堆肥化の取り組みで失敗した事例では、失敗の主な要因として、生ごみへの異物混入の多さ、いわゆる分別の不徹底が挙げられる。たとえば神奈川県の三浦市環境センターなどでは、金属やプラスチック等の異物の混入によって堆肥化が中止された。つまり、地域住民の合意に基づく参加は、循環システムの成否を左右すると言えるのである。

循環システムの構築・維持において、合意と参加の基盤となる「結い」を強化するような自治政策も農業政策や資源循環政策と同様に非常に重要であると言えるだろう。

8　おわりに――「循環型社会」「持続可能な発展」を実現するために

「循環型社会」とその上位目標である「持続可能な発展」を実現するためには、これまでの経済拡大志向に基づく政策や大量生産・大量消費・大量廃棄の社会構造からの転換が求められる。しかし、冒頭で指摘したように、政府の政策は、相変わらず廃棄物処理とリサイクルで、新しい価値観に基づく根本的な社会構造の変革のための政策展開には至っていない。

事例として取り上げた綾町の循環システムは、大別して資源循環政策、農業政策、自治政策から構成されている。各政策は個別の政策として見ることができるが、実際は、それぞれの政策が有機的に結びつくことで、循環システムが構築・維持されている。具体的に言えば、バイオマス資源の利活用を推進する単なる資源や物質の循環システムではなく、広義の循環システム、つまり、資源の循環過程（生産・消費・廃棄）を考慮しつつ、地域的特性にも適合した（ヒト・モノ・地域コミュニティの共同性が結びついた）総合的な循環システムを形成している。すなわち、綾町の事例では、廃棄物処理やリサイクルといった政策の枠組みを超えた食や農の政策、自治政策、人々の協同の力が組み合わさった総合的な政策が展開されているのである。

考えてみると、私たちの生活は複合的な要素の集合であり、地域の産業や自然、地域住民との「結い」の精神に依拠するきずなの中で生活を営んでいる。日々の生活の現場では、各要素が相互に絡み合っているため、分断することはできないのである。こうした現実を踏まえた総合的な視点こそ、現在の「循環型社会」の政策に欠けている部分であり、「循環型社会」の政策がリサイクル・ベースの廃棄物処理政策にとどまっている理由である。

現実を踏まえた総合的な政策は、縦割り行政の上からの発想では実行し難い。地方の先進的取り組みが全体を変えていく、という発想が現在の国レベルの「循環型社会」の政策に求められる。また、省庁横断的な発想に基づく政策という意味でも、総合的な視点からの政策が重要である。

さらに、綾町の資源循環政策・農業政策・自治政策の中身を見ると、サステイナブルな視点に立って具体的な政策が展開されていると言えるのではないだろうか。環境との共生といった視点から、サステイナブルな自然生態系を重視した農業が選択され、そうした農業を生かすためのサステイナブルな資源循環の方法の選択によって循環システムが形成されている。また、自治政策で重視された「結い」の精神は、循環システムの維持形成とともに、持続可能な地域社会をつくる上で欠くことのできない要素である。

綾町のような地域の先駆的な事例が提案している事柄を踏まえるならば、今後、政府においても単なる物質ベースの「循環型社会」ではない、より総合的でサステイナブルな視点に立脚した「循環型社会」の形成が求められるだろう。

本章で取り上げた綾町の事例は、千年先を見通したサステイナビリティ学の構築にとっても示唆に富む内容と処方箋を提起していると思われる。

参考文献

環境省総合環境政策局編（二〇〇七）、『環境統計集平成一九年版』ぎょうせい。

郷田實（一九九八）、『結の心』ビジネス社、一三頁。

第一〇章　持続可能な社会構築に向けたNGOの活動と政策提言

――JACSES「エコスペースプロジェクト」を事例として

柏木　志保

はじめに

地球環境を守り次世代が地球からの恩恵を受けられるような社会、つまり持続可能な社会を構築するために、われわれはどのような行動をとるべきなのか。本章では、まず持続可能な社会とはいったいどのような社会なのかということを考察した上で、地球環境を守るためにわれわれができることを考えていきたいと思う。ここでは、まず持続可能な社会の具体像に迫り、さらに持続可能な社会を構築するにあたっての主体（アクター）について考えてみることにする。このような議論を踏まえた上で、日本における市民社会、ここでは日本におけるNGOの特徴と、実際に持続可能な社会構築を活動目標とするJACSES (Japan Center for a Sustainable Environment and Society) のエコスペース＊に関するプロジェクトについて紹介しようと思う。これらの分析を踏まえた上で、地球環境を守るためにわれわれができることを再度考えていきたい。

＊本章においては一般的に馴染みやすいと筆者が判断したエコスペースという用語を用いているが、JACSESが正式に用いている用語は「環境容量（エコスペース）」という専門用語であることをお断りしたい。エコスペースという概念を世界的に発展させたのは、オランダの環境保護団体「地球の友オランダ」である。同NGOは、地球サミットの開催時に、持続可能な社会のための基礎データ（環境のスペース）を発表した。環境のスペースとは、将来世代の資源利用の権利を侵さない限りで、エネルギー、水、その他資源の利用や消費活動がどの程度許されるのか、またこのような消費活動と並行して起こる環境汚染がどの程度許されるのかといったことを数値化し、その範囲内における生活様式や生産・消費様式を決定していくものである。数値化の際には、世界中の人々が公平に持ちうる一人当たりの利用の許容限度を算定する。環境スペースという用語は、その後、エコスペース（環境・資源利用許容量：略称で環境容量）という用語で一般に知られるようになった。JACSES（一九九九）、三頁および http://www.jacses.org/ecosp/whatisecosp.html を参照。

1　持続可能な社会構築と市民の役割

持続可能な社会構築に関する研究は、自然科学、経済学、社会学、政治学などの分野において行われてきた。持続可能な社会＊というものは、ある限定的な社会を指すのではなく、より広範な社会のことであり、また自然環境と人間の共生を前提としながら、自然環境の収容能力を超えない範囲内で人間の生活基盤を形成し、人々の生活の質をよりよい方向へと改善することのできるような社会システムのことである。

＊持続可能な社会という用語は、持続可能な開発が実行され、持続可能性を維持することのできる社会のことを指す場合がある。ここで言う持続可能な開発とは、現代の世代が、将来の世代の資源を損なわない範囲で、要求を満たすことである。しかし、近年における持続可能性を対象とした分析においては、持続可能な社会という概念が持続可能な開発という概念をも含めた概念として議論される傾向があり、本章もこの立場を踏襲している。加茂・遠州編著（一九九八）。鳥飼（二〇〇二）参照。

このような社会を実現するのは誰なのだろうか。持続可能な社会を構築するアクターとしてまず考えられるのは国家である。近年においては、自然環境を保全するために国家間においてさまざまな条約や議定書が締結されている。このような地球環境の保全を目的としたルールをつくる際には、国際機関もまた主要なアクターとなる。たとえば、国連は地球環境を保全するためにさまざまな政策案を各国に提案し、各案が承認される過程においてリーダー的な役割を担う。一九九二年に採択されたアジェンダ21は国連環境と開発会議（UNCED：United Nations Conference on Environment and Development）の主導の下、採択されたものである。アジェンダ21は、二一世紀に向けて持続可能な社会を実現するために貧困の撲滅、消費と生産の形態の変更、大気、海洋、淡水資源の保全・管理、森林保全などを対象とした世界の行動計画を示し、また、このような社会を実現するパートナーとしてＮＧＯの役割強化を提起した。このような提起により、ＮＧＯは持続可能な社会を実現するためのアクターとして国際的に認知されるようになった。

持続可能な社会を追求するためのＮＧＯの活動は、多様な分野に及んでいる。たとえば、他の諸国に影響を与えるであろう国が、ある特定の協定や条約に反対の立場を表明し、これにより協定の締結が難しい状況に直面しそうな場合、ＮＧＯなどの市民組織はその国に対し協定に反対をしないよう説得を試みる。このようなケースにおいて、ＮＧＯは直接的に説得を試みる場合もあるが、世論を盛り上げて反対票を投じることを阻止する場合もある。

一国内のレベルにおいては、政策提言などを通じて、地球環境保護の視点を政策に反映させる活動がある。政策提言を行う場合には、専門的な知識と調査研究を実施することのできるスタッフを動員させる必要がある。このような調査によって得られた結果を携えて直接政府関係者と折衝するケースもあるが、説得工作や世論を用いて地球環境保護の視点を政策に反映させるケースが多い。

持続可能な社会を実現するためのＮＧＯの活動は政策提言に限らず、希少価値の高い生物を保護する活動、砂漠化を防止するための植林活動、川や海などの水質を管理する活動、発展途上国の人々の健康を維持するための活動、同地域における人々に教育を受ける機会を与える活動などさまざまな分野に及ぶ。たとえば、自然環境を保護する活動を展開するＮＧＯとしては日本自然保護協会、植林などの活動に取り組む団体としては地球緑化行動研究会、途上国の人々の生活をサポートする組織としては日本国際ボランティアセンターや国際子ども権利センターなどが存在する。

国家や国際機関などの活動は、国際レベルもしくは国内レベルの規範を定める。これに対しＮＧＯの活動は、持続可能な社会を構築するためのルールづくりに際して重要な役割を担い、また持続可能な社会を維持するために必要な活動を実行する。したがって、NGOの活動は持続可能な社会を実現するためのミクロレベルのものであり、かつわれわれの生活様式にダイレクトに影響を与える活動として非常に重要な位置を占めている。

2　日本のNGOの特徴

次に日本のNGOの特徴について考察してみる。まず、これらの団体の活動内容からその特徴を見てみる。日本のNGOの活動分野は、教育、保健医療、子ども、環境保全、女性、農村開発、職業訓練、農業、難民などと広範囲に及ぶ(日本国際交流センター 一九九八)。

環境、貧困問題の浮上、そして中央集権的な社会が抱える矛盾を改善しようと一九八〇年代から一九九〇年代にかけて、これらの総団体数は急速に増加している。団体数の変化から近年の傾向を見てみると、「女性」と「環境」をテーマとして活動を展開する組織が年々増加している。女性問題に取り組む団体数が増加した要因は、国連が女性と開発という視点を世界的に普及したことによる。また、自然環境の悪化が環境系組織数増加の要因となっているわけだか、組織数のみに注目した場合、一九九〇年にこれらの団体数は全体で五位であったが、一九九四年には三位にまで上昇した。

次にこれらの団体の活動形態から日本のNGOの特徴を見てみる。活動形態別にこれらの団体を分類すると、資金助成、物質供給、人材育成、開発教育、国際協力に携わる団体が多く、アドボカシー(政策提言)

活動やフェアトレード（発展途上国の原料や製品を適正な価格で継続的に購入することを通じ、立場の弱い途上国の生産者や労働者の生活改善と自立を目指す運動。オルタナティブ・トレードとも言う）を行っている団体数はいまだに少ない。ただし、一九九〇年から九二年にかけてアドボカシー活動を行う団体の数は急増したが、一九九二年から九四年にかけて、この分野の団体数は伸び悩んでいる。

最後に欧米諸国との比較から日本のＮＧＯの特徴を見てみる。欧米諸国と比較すると、日本のＮＧＯは政府および企業からの資金が十分に得られないため、組織活動を十分に支える資金力が不足している。また、欧米諸国におけるＮＧＯは、産業界と並んで一つの独立したセクターとなっている。そのため産業界と同様にＮＧＯに就職する人の数が多く、スタッフの専門知識も高い。日本においてもＮＧＯを成長させ、一つのセクターとして独立させる動きが出てきている。しかし、現状はまだこの段階には達しておらず、専門的な知識を備えたスタッフを雇用できるのはごく一部の団体のみで、大方はボランティア・ワークに近いスタッフにより支えられている。さらに、欧米諸国のＮＧＯと比較した場合、アドボカシー活動を行う団体数が少ないことと比例して、日本のＮＧＯは政府に対して圧力をかける存在にまで成長していない。これは日本におけるＮＧＯの資金力や動員力の問題だけではなく、これらの団体を制度的に支える構造も未整備である点を考慮しなくてはならない。

3　ＪＡＣＳＥＳ「エコスペースプロジェクト」の事例

国際協力などを通じて持続可能な社会を構築しようする活動に対する研究は、分析が進んでいるために数多くの研究成果が発表されている。しかし、調査研究や政策提言を行うＮＧＯは、日本国内においてもまだ少ないこと、またこれらの団体の活動内容を発表した研究も少ないために、これらのＮＧＯの実態は日本国内ではまだ知られていない。

ＪＡＣＳＥＳは調査研究および政策提言を行う数少ないＮＧＯの一つであり、またこのような活動の草分け的な存在でもある。ＪＡＣＳＥＳは、一九九二年に地球サミットが開催されたことを契機として設立され、資源枯渇を含む環境問題、貧困および経済格差の拡大の問題、人権侵害などわれわれが抱えているさまざまな問題を改善し、持続可能で公正な社会の実現を目指して、専門性と現実性の高い調査研究、特定の利益集団に左右されない政策提言、情報提供を行うＮＧＯである。

ＪＡＣＳＥＳが設立された当時、日本は大量生産・大量消費の豊かさを謳歌する一方で、世界一の政府開発援助を途上国に支援していた。しかし、その内実を見ると、国内的にも経済成長の負の側面が社会的に深刻化し、また途上国の開発援助でも住民移転や環境破壊などの問題をはらんでいた。ＪＡＣＳＥＳの課題は、過剰生産・過剰消費による国内的な矛盾の解決を政策課題として提起すること、そして国際協力の分野での開発援助の政策や問題プロジェクトの批判・改善を促すことである。つまり、内外の両側面の矛盾について取り組むことがＪＡＣＳＥＳの課題である。前者の課題について、具体的には

「持続可能な生産・消費とエコスペース」のプロジェクトが、一九九四年に開始された。このプロジェクトは、いわば現状を批判的に分析してあるべき将来ビジョンを提示して政策転換を促すことを目的としたもので、持続可能な社会ビジョンとそれを具体的に推進するための政策提案としてスタートしたものである。その後、特に二〇〇〇年代以降、政策実現の第一歩と位置づけられた環境税制・財政改革の分野に焦点が当てられ、その政策提言活動に力が注がれる状況として「持続可能な生産・消費とエコスペース」のプロジェクトは引き継がれている。

ＪＡＣＳＥＳの理事や顧問には、環境問題や途上国の問題に取り組むＮＧＯに共感する現状批判派で実践派の活動的研究者が約一〇人参加している。活動拠点は東京にあり、事務局には事務局長と三名のスタッフ、一〇人近いインターンと数人のボランティアがＪＡＣＳＥＳの活動に参加・協力している。

ＪＡＣＳＥＳの活動は、海外および日本の財団の助成金、事業収入、会費、寄付金などにより支えられている。日々の活動として調査活動を展開するかたわら、ＪＡＣＳＥＳは研究会およびセミナー、政策協議会合などを開催し、これらの成果を年次報告および書籍という形で公表している。環境問題および発展途上国における諸問題に対する認識の高揚により、ＪＡＣＳＥＳにはさまざまな問い合わせが舞い込んでくる。これらの問い合わせに対し十分な対応をしたいと考えてはいるものの、日々の活動に追われ、なかなかこれらの問い合わせに対応できないのが事務局の現状である。

実際にＪＡＣＳＥＳがどのような調査を実施し、また日本の政府に対してどのような政策提言を行っているのかを考察するために、本章では「持続可能な生産・消費とエコスペース」のプロジェクトに注目して、その成果や影響について主に考察することにする。同プロジェクトの目的は、エコスペースの指標化と算定を試みることにある。具体的な持続可能性を定量・指標化するにあたり同プロジェクトでは、環境経済学者であるハーマン・デイリーが提示した三つの基本的条件を踏まえている。三つの基本的条件とは、再生可能資源、枯渇性資源、環境汚染物質に関する基礎的条件である。再生可能資源とは消費量を再生量の範囲内に収めること(消費速度よりも再生速度が上回る)、枯渇性資源とは消費を再生可能資源で代替すること(消費速度よりも再生可能資源代替速度が上回る)、環境汚染物質とは排出量を分解・吸収・再生の範囲内に最小化すること(排出量よりも吸収・無害化が上回る)である。

具体的に、食料資源に関するエコスペースの試算を見てみよう。

構成としては、全体状況の把握として巨視的視点から、世界的状況と扶養可能人口の推計値をもとに、環境容量を使用農地面積の指標で算定するとともに、特に日本の状況を念頭に置いて試算されている。また、より日常的な視点として、具体的な食事メニューに環境容量の概念を適用して試算を行っている。具体的には、食事メニューの中身を環境との関わりで見直す事例分析であり、食事メニューを単に栄養面から評価するのではなく、その食事を供給するためにどれだけの土地面積を必要としたか、といった指標で評価し食事メニューと環境負荷との関係を明示することで、エコロジカルなメニューのあり方(エコダイエット)の重要性に目覚める手段を提供する。

試算結果のうち、現状固定シナリオでの扶養可能人口は、アメリカ並みの食生活では約一九億人、イタリア並みの食生活では約三六億人、日本並みの食生活では約四〇億人、インド並みの食生活では約八七億人となる。インド並みでは可能であるが、アメリカ、イタリア、日本並みの食生活を世界の人々がした場合、現状の約六〇億の人口は養うことができない状況であることが示されている。しかし、いずれの水準でも現状固定シナリオでは、二一世紀末に想定される一〇〇億人を養うことはできないという結果となっている。そこで重要なことは、生産量の拡大に視点を置くのではなく、消費の仕方によってバランスと調和の道を探る方向性である。

すなわち、地球との共生を目指すエコダイエットやエコクッキングといった消費のあり方を再構築する動きこそが、限られた資源・環境の世界の中で、どれだけの人間を大地が養ってくれるかを決める鍵となるという視点の提起である（以上、**図1**参照）。ここで指摘されている消費をスリムに健康的なものにして、外なる環境への負荷を減らしていく持続可能性へのシナリオは、実は食料資源の分野に限ったことではなく、エネルギー資源や鉱物資源の利用に応用することは可能なのである。これは、二一世紀の持続可能な社会を構築するための共通課題と言ってよい内容である。

実際、鉱物資源の事例分析では、世界レベルで鉄と非鉄金属（銅を想定）の鉱石産出量を推定し、鉄鋼と非鉄金属についてリサイクル率を可能な限り高め、かつ環境対策やエネルギー効率を先進国並みにすることで、鉱石の消費量は二〇五〇年には一九九五年の一・二～一・八パーセント、有害物質排出は一九九五年の一パーセント程度、エネルギー消費量は一九九五年の二〇～四〇パーセントに収まることが推計されている。

同様にエネルギー資源でも、再生不可能な枯渇性のエネルギー資源（化石燃料・ウラン）の利用を縮小し、

地球にダイエットキャンペーン

旬のもの食べて国際協力

1998年10月1日〜12月27日

昔の食事はダイエットにいい？

1960年10月都内在住45才会社員の一日Aさん

朝納豆 (100)
海苔の佃煮 (12)
みそ汁
〔みそ、ネギ、ふ〕(25)
ご飯〔1杯〕(244)

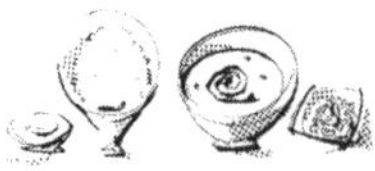

昼サラダ
〔キャベツ、トマト、キュウリ〕(415)
お新香 (12)
みそ汁
〔ワカメ、ジャガイモ〕(27)
ご飯〔1杯〕(244)

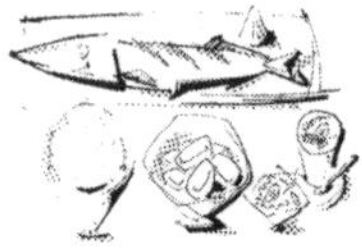

夜さんまの焼魚 (236)
酢の物
〔ワカメ、キュウリ〕(40)
筑前煮
〔里芋、こんにゃく
コンブ、鶏肉〕(105)
茶碗蒸し (95)
ご飯〔2杯〕(488)

2043kcal

1998年10月都内在住45才会社員の一日Bさん

朝トースト (540)
牛乳 (133)
グリーンサラダ (30)
バナナ (82)

昼天丼 (782)
お新香 (12)
みそ汁〔みそ、ネギ、トウフ〕(25)

夜枝豆 (40)
焼き鳥 (258)
アスパラベーコン (130)
サイコロステーキ〔1人分〕(194)
ぞうすい (184)
グレープフルーツ (144)
生ビール (156)

2610kcal

（　）＝摂取カロリー

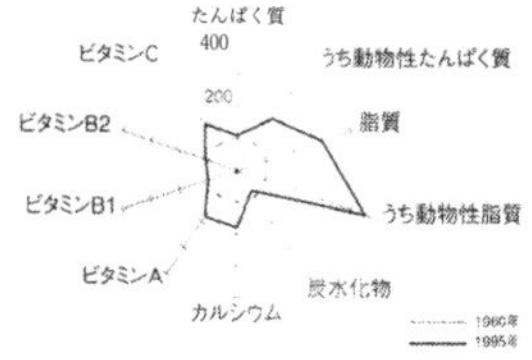

1995年栄養素等摂取量（一人一日当たり）
（厚生省「国民栄養の現状」1997）

日本の会社員（内勤）の所要カロリーは、以下の通りです。

20代　2150〜2350kcal（女性1750〜1950）
30代　2100〜2300kcal（女性1700〜1900）
40代　2050〜2250kcal（女性1700〜1850）

（日経BP社「日経ヘルス」1998）

1960年代と今を比較すると、カロリー消費量が増加していることと、食べ物の嗜好が洋風化していることがわかります。洋風化にしたがい、動物性たん白質、動物性脂質が増大しています。

主催：ラブ・アース実行委員会

（構成団体：シャプラニール＝市民による海外協力の会、セーブ・ザ・チルドレン・ジャパン（SCJ）
曹洞宗国際ボランティア会（SVA））
事務局　：〒160-0015新宿区大京町31　慈母会館　SVA気付
TEL03-5360-1233　FAX03-5360-1230　郵便振替00190-7-404571

特別協賛：Asahiアサヒビール
協賛：東武トラベル株式会社、トヨタ自動車株式会社、日産自動車株式会社、松下電器産業株式会社、安田火災海上保険株式会社
協力：地球環境パートナーシッププラザ、「環境・持続社会」研究センター（JACSES）、環境教育情報センター、
エコ・ダイエット研究会、株式会社リクルート、財団法人三鷹国際交流協会
東京ガス株式会社、キッコーマン株式会社
後援：国際連合世界食糧計画（WFP）日本事務所、環境庁、社団法人日本青年奉仕協会（JYVA）、開発教育協議会
助成：財団法人東京国際交流財団

図1　地球にダイエットキャンペーン（176–178頁）

（http://www.jacses.org/ecosp/diet_for_the_earth.pdf）

食べ物はどこからくるの？

食べ物はどこからくるの？

右図は、日本の食糧自給率（カロリー換算）のグラフです。1965年には73%だった自給率が、95年には42%になっています。自給率が減少するということは、輸入が増えたということですが、私たちの食べ物は実際どこから来ているのでしょうか。そしてどのような影響があるのでしょうか。

先程のAさん（1960年）とBさん（1998年）の食べた食材で見てみましょう。

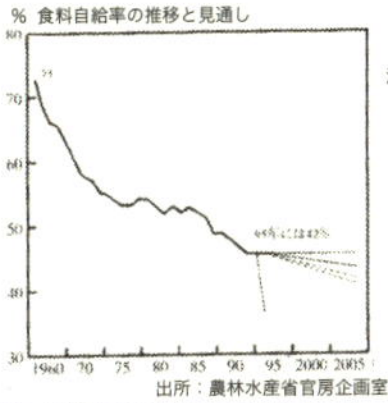

注：食料自給率は、供給熱量自給率にて示される。

出所：農林水産省官房企画室資料

（旬）＝旬のもの　（温）＝温室、ハウスもの　（冷）＝冷凍もの　＊基礎データは、比較のため1998年のものを使用している。

	食　事	食 品 名	生産地	
Aさん（1960年）	納豆	大豆	岩手	輸送エネルギー：133.17kcal CO_2 排出量：0.0093gC 耕地面積：1.254㎡
	みそ汁	ネギ（旬）	近郊	
		大豆（みそ）	長野	
	ご飯	米	新潟	
	コロッケ	豚肉	近郊	
	みそ汁	わかめ	神奈川	
		ジャガイモ（旬）	群馬	
	焼き魚	さんま（旬）	静岡	
	筑前煮	里芋（旬）	千葉	
		人参（旬）	近郊	
		しいたけ（旬）	近郊	
	茶碗蒸し	卵	近郊	

	食　事	食 品 名	生産地	
Bさん（1998年）	トースト	小麦粉	アメリカ	輸送エネルギー：775.23kcal CO_2 排出量：0.0613gC 耕地面積：3.97㎡ 国外　3.69㎡ 国内　0.28㎡
	牛乳	牛乳	群馬	
	グリーンサラダ	レタス（温）	長野　長野	
		トマト（温）		
	バナナ	バナナ	フィリピン	
	天丼	海老（冷）	ヴェトナム	
	枝豆	枝豆（冷）	北海道	
	焼き鳥	鶏肉（冷）	タイ	
	サイコロステーキ	牛肉（冷）	オーストラリア	
	アスパラベーコン	アスパラ	フィリピン	
	フルーツ	グレープフルーツ	アメリカ	

解説：　輸送エネルギーとは…単位当たりの輸送エネルギー×生産地（生産国）からの距離×材料の実質的な量

耕地面積とは…料理の材料の実質的な量÷その作物の収量

地球のためにダイエット

地球のためにダイエット

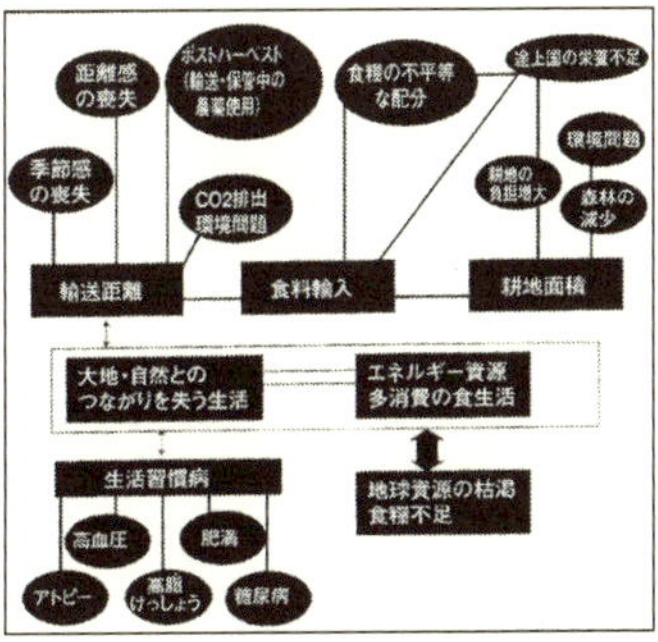

この約40年間の、日本人のライフスタイルや家族構成、洋食化などの大きな変化で、日本の農業や流通は多大な影響を受けてきました。

おいしいものを、安く、一年中食べたい、いつでも便利に買い物したいなどの私たちの希望は、今やほぼ完全にかなえられました。

しかしこれまで見てきたように、私たちのこの希望をかなえるためには、遠い国々からエネルギーをたくさん使って食べ物を運んできたり、ハウスや温室栽培などによって旬の時期をずらしたりしなければなりませんでした。

結果として私たちの食生活は、カロリー過多（摂取過剰）で、エネルギー過多（資源消費過多）の食生活になってしまいました。

そして今私たちの食生活は、環境問題や途上国の栄養不足問題の原因になっているのです。

もし私たちが今の生活を見直し、エネルギーやカロリーを節約していけば、これらの問題を少しずつ解決させていくことができます。

自分のためのダイエットから地球のためのダイエットへ

キャンペーンの仕組み

バングラデシュでは文字の読み書きができる人が 30%程度しかいません。農村の村人や女性では、その比率が低くなります。シャプラニールはこれまで 16 年間、村民たちの自立支援の一環として大人を対象にした識字学級を行い、既に 3 万 4 千人が卒業しています。

一人の生徒が週 6 回、7 ヶ月の基礎コースを受けるのにかかる費用（教科書・ノート・先生の研修費用など）は 4700 円です。

シャプラニール＝市民による海外協力の会

〒 169-8611　東京都新宿区西早稲田 2-3-1　早稲田奉仕園内
TEL：03-3202-7863　FAX：03-3202-4593

ベトナムの農村部では、自由経済の導入で公的な社会サービスが行き届かなくなっており、3 才以下の幼児の栄養不良児が 40%を占める村も珍しくありません。セーブ・ザ・チルドレン・ジャパンは、栄養不良児の母親に栄養や保健についての講習会を開き、身近にある食材を使って家庭でできる栄養価の高い食事の普及を図るとともに、妊婦の検診や、乳幼児検診などを行っています。子どもの一人の栄養改善に係る費用は、約 8000 円（給食費、機材購入費、保健婦研修費、専門家人件費）です。

社団法人セーブ・ザ・チルドレン・ジャパン（SCJ）

〒 530-0047　大阪市北区西天満 4-4-12　近藤ビル 510
TEL：06-361-5695　FAX：06-361-5698
東京事務所　TEL：03-3504-1845 FAX：03-3504-1846

東南アジアの小さな国ラオスでは、子どもの本の商業出版が成立しておらず、子どもの本が不足しています。小学校にも図書室はありません。曹洞宗国際ボランティア会は、130 冊の子どもの本がつまった図書箱を小学校に配布しています。本はラオス人作家の作品や優れた外国作品（日本も含む）です。贈った本が有効に使われるように図書、読み聞かせについての教員の研修も行っています。図書箱 1 セット（本代、教員研修費含む）の費用は 4 万円です。

曹洞宗国際ボランティア会（SVA）

〒 160-0015　東京都新宿区大京町 31
TEL：03-5360-1233　FAX：03-5360-1220

太陽熱・太陽光・風力・バイオマス・水力・海洋など、再生可能なエネルギー資源でエネルギー供給をまかなうことを原則としたシナリオを試算している。試算の結果、日本におけるエネルギー資源の永続可能な一次エネルギー供給量は、一九九七年と比較し、二〇一〇年に約八六パーセント、二〇五〇年に約五一パーセント、二一〇〇年に約四二パーセントと概算している。

このような調査結果を踏まえて、ＪＡＣＳＥＳは次の三つの政策提言を行っている。第一に、参加型政策形成プログラムの具体化である。日本政府は、エネルギー政策の形成過程において、総合エネルギー調査会により作成される「長期エネルギー需給の見通し」を根拠としている。この見通しは環境を長期的な視点から分析したものとは言い難い。またこの情報は市民には公開されず、かつ報告書が作成される過程においても市民の参加は認められていない。環境政策先進国とも言えるオランダやスウェーデンにおけるエネルギー政策は、公開制と市民参加が基本である。日本政府も持続可能な再生可能システムを基礎とした、市民参加型の政策を実行する必要性を求めている。第二に、環境破壊的な大規模火力発電・原子力発電などへの依存を是正し、原子力・道路建設への支援から再生可能エネルギーの開発、公共交通の推進、省エネルギー機器開発・普及へと税財政支援を転換する必要性である。第三に、長期的に持続可能なエネルギー需給を可能とする産業構造の実現を図るために産業政策の見直しを提起している。

従来の政策が、過去からの延長線の域を出られない限界を持つのに対して、ＪＡＣＳＥＳの提起は将来のあるべき社会ビジョンから現状変革を迫るアプローチをとっている点で、きわめて革新的でありＮＧＯならではの提起である。こうした持続可能な社会形成のための問題提起を踏まえて、ＪＡＣＳＥＳ

はその後、前記の三点の政策提言について具体化のアプローチとして、環境税・財政改革、特に炭素税（二酸化炭素排出への課税）の導入を目指す政策提言活動を展開している。特に二〇〇〇年代以降、毎年さまざまな形で、行政（関係省庁）、国会議員、企業関係者、NGO・市民を交えた公開フォーラムやセミナーを積極的に開催している。

また、エコスペースの研究成果をより身近に日常生活レベルに結びつける活動も展開された。特に注目すべき活動は、一九九七年の京都議定書会議に合わせて、環境NGOと国際協力NGOの連携の下で展開された「地球にダイエットキャンペーン」である。すなわち、過剰生産・過剰消費の環境負荷型の生活を見直して、地球への負担を減らす新しい発想の生活見直し（ダイエット）運動である。このキャンペーンのユニークな特徴は、省資源・省エネ・省汚染で環境負荷を減らした分を数量的に評価・経済価値に換算して、その節約して生み出されたお金を南北問題解決へ橋渡しする、すなわち国際協力・環境NGOなどの団体へ寄付することで、地球環境の保全、途上国の生活と環境改善、教育向上に役立てようとする運動である。自分たちの生活をスリムに健康的にしていくことが、外なる環境負荷を減らして環境保全となるとともに、さらに富の不平等、南北格差問題などの世界全体の発展の不均衡を是正する、いわば「一石三鳥」を実現しようとする運動である。

「持続可能な生産・消費とエコスペース」に関するプロジェクトの一環として、ほかにもJACSESは一九九八年に国立オリンピック記念青少年総合センターにおいて、国際セミナー「持続可能な生産消費形態を求めて」を開催している（JACSES 一九九八）。同セミナーにおいては、環境問題に取り組む国内外からの研究者や途上国におけるＮＧＯのスタッフなどが参加しただけではなく、政府関係者も参加した。政府関係者の参加も可能になったことで、同セミナーは一方向的な議論に終始することなく、さまざまな立場からの意見を交換することが可能となった＊。

＊エコスペースの研究自体は、その後、同様の問題意識で別に先行して研究されてきたエコロジカル・フットプリントの研究に吸収される形で現在に至っている。エコロジカル・フットプリントについては「エコロジカル・フットプリント・ジャパン」http://www.ecofoot.jp/top.html に詳しい。

調査研究、セミナーの開催、政策提言と多様な活動を展開するＪＡＣＳＥＳであるが、これらの成果を実際に政策に反映させるという点においてはまだ課題が多い。この課題はＪＡＣＳＥＳの活動内容それ自体の問題というよりは、日本社会の問題であると考えられる。前述したように先進国においては、すでに市民社会が成熟しているのに対し、日本の市民社会はまだ成長段階にある。これは日本における政策の形成プロセスが官僚主導であったことにも起因する。また、途上国においてはＮＧＯのネットワーク化が進んでおり、ある特定問題に対して取り組むＮＧＯがネットワークを構築することにより、合理的に政策提言が行える環境が整備されつつある。日本のＮＧＯは、まだこのような段階に到達しているとは言い難いが、今後、日本のＮＧＯのネットワークが促進され、調査研究および政策提言を行うＮＧＯが効率よく政策形成過程に参加できるプロセスが形成されれば、持続可能な社会の構築に向けた政策が実現可能である。

おわりに

多種多様な生命とそこに暮らすものの生活を支えている地球環境の状態は、決して楽観視できるものではない。二〇世紀から二一世紀にかけてわれわれは物質的な豊かさを得られた一方で、地球環境は日々悪化している。次世代が地球の恩恵を授かることができ、また人間だけでなく地球上のあらゆる生物が今後も存続できるように、さらに地球環境を脅かすような社会状況が改善され持続可能な社会が実現されるために、さまざまな活動が世界および国内レベルにおいて展開されている。規模の大きな活動は、国家や国際機関が中心的な役割を担う。このような領域における活動を補完するような形で、また時にはこれらの活動に修正を加える形で、ＮＧＯも持続可能な社会構築に向けて重要な役割を担っていると言える。

持続可能な社会を広範な概念として捉えると、日本のＮＧＯの取り組みは、持続可能な社会の構築に関連のある活動を展開していると言える。総団体数の多い国際協力に携わる組織は、貧困の削減といった活動に取り組んでいるケースが多い。また国内外における人材育成や開発教育も同様のことが言える。また、アドボカシー活動やフェアトレードの分野で活動している団体は、そのほとんどが持続可能な社会構築の活動に携わっていると言って過言ではない。このようにＮＧＯの活動の源をたどっていくと、根本的に何らかの形で、持続可能な社会構築に携わる団体が多く、これらの団体は持続可能な社会構築という思想を共有しているように思われる。

本章においては、持続可能な社会構築を活動理念に掲げるＪＡＣＳＥＳの活動を事例として日本におけるＮＧＯやＮＧＯの活動を考察した。ＪＡＣＳＥＳが実施した食料資源、鉱物資源、エネルギー資源に対するエコスペースの調査結果は、持続可能な社会を構築するため、新たなツールをわれわれの生活に与えるものである。ＪＡＣＳＥＳ以外にも環境保護に取り組む団体は多数存在する。今後、このような団体のネットワーク化が促進され、持続可能な社会の構築の一環として日本のエネルギー政策形成過程に参入できる機会が開かれ、これらの活動の成果が政策に反映されることが今後の課題として残されている。

参考文献

加茂利男・遠州尋美編著（一九九八）、『東南アジア―サステナブル社会への挑戦』有斐閣。
鳥飼行博（二〇〇一）、『環境問題と国際協力―持続可能な開発に向かって』青山社。
財団法人日本国際交流センター監修（一九九八）、『アジア太平洋のＮＧＯ』アルク、二〇三頁。
http://www.meti.go.jp/press/past/b70203e3.html
ＪＡＣＳＥＳ（一九九八）、『持続可能な生産消費形態の実現に向けた現状と課題―新しい生産・流通・消費・廃棄・生産システムを考える』「環境・持続社会」研究センター、一頁。
http://www.jacses.org
同（一九九九）、『永続可能な地球市民社会の実現に向けて「環境容量」の研究／試算』「環境・持続社会」研究センター、三頁。

角南　聡一郎（すなみ・そういちろう）
1969年生まれ、財団法人元興寺文化財研究所主任研究員
専攻：民俗学、考古学
主要著作：「植民地における物質文化への興味」『日本人の中国民具収集』（風響社、2008年）、「南島の交流と交易」『東アジア内海世界の交流史』（人文書院、2008年）

中村　和之（なかむら・かずゆき）
1966年生まれ、函館工業高等専門学校教授
専攻：北東アジア史、アイヌ史
主要著作：『中世の北東アジアとアイヌ―奴児干永寧寺碑文とアイヌの北方世界』（共編著、高志書院、2008年）、「アイヌの北方交易とアイヌ文化―銅雀台瓦硯の再発見をめぐって」加藤雄三・大西秀之・佐々木史郎編『東アジア内海世界の交流史―周縁地域における社会制度の形成』人文書院、2008年）

西俣　先子（にしまた・ひろこ）
1976年生まれ、國學院大學大学院経済学研究科特別研究員
専攻：経済学
主要著作：『第九巻　農業と環境』（『戦後日本の食料・農業・農村』全17巻）（共著、農林統計協会、2005年）、「地域づくりのための自然資本と社会関係資本に関する一考察―社会資本整備再考―」『國學院大學経済学研究』36集（2005年）

柏木　志保（かしわぎ・しほ）
1972年生まれ、筑波大学大学院人文社会科学研究科研究員
専攻：政治学、国際関係論、市民社会論
主要著作：「フィリピンのジレンマ」進藤榮一・豊田隆・鈴木宣弘編著『農が拓く東アジア共同体―フード・ポリティクスを超えて』（日本経済評論社、2007年）「転換する日本の開発援助政策―国家中心の援助から人間中心の援助への道」進藤榮一・水戸孝道編著『日本外交と平和主義―21世紀アジア共生時代の視座』（法律文化社、2007年）

執筆者紹介

沖　大幹（おき・たいかん）

1964年生まれ、東京大学生産技術研究所教授

専攻：地球水循環システム

主要著作：『国土の未来』（共著、日本経済新聞社、2005年）、「水をめぐる人と自然—日本と世界の現場から—」（共著、有斐閣選書、2003年）、『千年持続社会』（社団法人資源協会編、日本地域社会研究所発行、2003年）

村松　伸（まつむら・しん）

1954年生まれ、東京大学生産技術研究所教授

専攻：都市・建築・空間史、都市環境文化資源学

主要著作：『中華中毒』（筑摩学芸文庫、2003年）、『上海—都市と建築』（パルコ出版、1991年）

林　憲吾（はやし・けんご）

1980年生まれ、東京大学大学院工学系研究科建築学専攻博士課程在籍

専攻：近代東南アジア建築・都市史

主要著作：「世界建築地図の展開／〈伊東忠太＋藤森照信〉のその後」『10＋1』No. 44（2006年）、"Modernization of 'Rumah Panggung (Platform-house)' in Medan, Indonesia：Based on a survey conducted in Medan, Indonesia, August, 2004," In *Proceedings of mAAN 5th International Conference: Re-thinking and Re-constructing Modern Asian Architecture* (Istanbul, Turkey, 2005)

深見　奈緒子（ふかみ・なおこ）

1956年生まれ、東京大学生産技術研究所研究員

専攻：イスラーム建築史

主要著作：『イスラーム建築の見かた』（東京堂書店、2003年）、『世界のイスラーム建築』（講談社現代新書、2005年）

加藤　雄三（かとう・ゆうぞう）

1971年生まれ、総合地球環境学研究所助教

専攻：法史学

主要著作：『東アジア内海世界の交流史—周縁地域における社会制度の形成』（共編著、人文書院、2008年）、『オアシス地域史論叢—黒河流域2000年の点描』（共編著、松香堂、2007年）

編者紹介

木村　武史（きむら・たけし）
1962年生まれ、筑波大学大学院人文社会科学研究科准教授
専攻：宗教学、環境思想
主要著作：『ジェンダーで学ぶ宗教学』（共著、世界思想社、2007年）、『サステイナブルな社会を目指して』（編著、春風社、2008年）、*Religion, Science and Sustainability*（編著、Union Press, 2008年）。

【未来を拓く人文・社会科学シリーズ13】
千年持続学の構築

2008年8月30日　初版　第1刷発行　〔検印省略〕

＊定価はカバーに表示してあります

編者©木村武史　発行者 下田勝司　印刷・製本　中央精版印刷

東京都文京区向丘1-20-6　郵便振替 00110-6-37828　発行所
〒113-0023　TEL 03-3818-5521（代）　FAX 03-3818-5514
E-Mail tk203444@fsinet.or.jp
Published by TOSHINDO PUBLISHING CO.,LTD.
1-20-6,Mukougaoka, Bunkyo-ku, Tokyo, 113-0023, Japan

ISBN978-4-88713-861-2　C0330

「未来を拓く人文・社会科学シリーズ」刊行趣旨

少子高齢化、グローバル化や環境問題をはじめとして、現代はこれまで人類が経験したことのない未曾有の事態を迎えようとしている。それはとりもなおさず、近代化過程のなかで整えられてきた諸制度や価値観のイノベーションが必要であることを意味している。これまで社会で形成されてきた知的資産を活かしながら、新しい社会の知的基盤を構築するためには、人文・社会科学はどのような貢献ができるのであろうか。

本書は、日本学術振興会が実施している「人文・社会科学振興のためのプロジェクト研究事業（以下、「人社プロジェクト」と略称）」に属する14のプロジェクトごとに刊行されるシリーズ本の1冊である。

「人社プロジェクト」は、研究者のイニシアティブを基盤としつつ、様々なディシプリンの諸学が協働し、社会提言を試みることを通して、人文・社会科学を再活性化することを試みてきた。そのなかでは、日本のあり方、多様な価値観を持つ社会の共生、科学技術や市場経済等の急速な発展への対応、社会の持続的発展の確保に関するプロジェクトが、トップダウンによるイニシアティブと各研究者のボトムアップによる研究関心の表明を組み合わせたプロセスを通して形作られてきた。そして、プロジェクトの内部に多様な研究グループを含み込むことによって、プロジェクト運営には知的リーダーシップが求められた。また、プロジェクトや領域を超えた横断的な企画も数多く行ってきた。

このようなプロセスを経て作られた本書が、未来の社会をデザインしていくうえで必要な知的基盤を提供するものとなることを期待している。

2007年8月

人社プロジェクト企画委員会
城山英明・小長谷有紀・桑子敏雄・沖大幹